松狮犬

王者之风

顾问　张荣辉
主编　王　晓

陕西科学技术出版社

图书在版编目（CIP）数据

松狮犬/王晓主编．—西安：陕西科学技术出版社，2008.8(2009.4重印)

　ISBN 978-7-5369-4327-8

Ⅰ．松…　Ⅱ．王…　Ⅲ．犬—驯养　Ⅳ．S829.2

中国版本图书馆 CIP 数据核字（2008）第 051134 号

内容简介

这本《松狮犬》单犬种全彩专辑汇集了各松狮犬俱乐部（协会）研究成果及资料文献，汇集了国内外著名专业犬舍的饲养管理实践经验，从松狮犬的起源发展、犬种标准、图解评鉴、赛场展示、选购饲养、训练管理、选种繁育等方面进行了详细介绍，并配以大量高质量图片予以对照说明，知识专业，内容丰富，通俗易懂，极具实用性、科学性及欣赏性。

出版者	陕西科学技术出版社
	西安北大街 131 号　邮编 710003
	电话(029)87211894　传真(029)87218236
	http://www.snstp.com
发行者	陕西科学技术出版社
	电话(029)87212206　87260001
印　刷	陕西金和印务有限公司
规　格	880mm×1230mm　大 32 开本
印　张	4
字　数	115 千字
版　次	2008 年 8 月第 1 版
	2009 年 4 月第 3 次印刷
定　价	25.00 元

王者之风——松狮犬

　　松狮犬是中国的一种古老的犬种,从汉唐时代它就受到皇室及王公贵族们的宠爱,直到今天,历经千余年地发展变迁,松狮犬现已带着王者之风走出深宫高院,进入到我们的生活之中。近年来松狮犬以其独特的外在形象及内在气质赢得了众多狗迷的心,国内掀起了一股松狮热潮。

　　松狮犬有着狮子般的外形,肌肉结实,骨架重;它的头又大又宽,相对其小而紧凑的身体显得特别突出;其头部被毛蓬松,加之其颈脖周围怒放的饰毛,使其远远看去像出没于草原的非洲雄狮。近处看,松狮犬头脸部褶折明显,眼睛小,深陷其中,看上去愁容满面,好像有着满腹心事。在所有狗狗中,只有其远亲沙皮犬才同它一样拥有蓝色的舌头,这种蓝色的舌头让这种从远古走来的狗狗变得更为神秘奇特。

　　松狮犬是一个非常有尊严和个性的品种,有时候甚至非常固执。它并不像其他狗狗那样喜欢摇头摆尾讨好主人。它的尾巴很少大幅度的左右摆动,更多的是尾巴末梢轻轻动一动而已。尾巴,作为一只狗表达好恶的主要工具,在松狮的身上好像成为了一种摆设。松狮犬的个性独立、孤傲,甚至看上去有一点点冷漠,而就是这样一种狗狗为什么还会有这么多人喜欢呢?我想除了它那独特的外形之外,也许大多数人喜欢的就是它的沉稳、内敛及它的特立独行吧。

　　松狮犬很少会玩得很疯,它从不搞破坏,走路像踩着高跷,虽一摇一摆但却踏踏实实,一步一个脚印,显得沉着、稳重与大气。松狮犬并不喜欢有着太多的同伴,它时常会静静的站立一旁,皱着眉头,严肃地审视着周围的一切,有时它们那种"先天下之忧而忧,后天下之乐而乐"的样子总是让人肃然起敬；即使在它吐出舌头，看似微笑时，你也能感觉到它的不怒自威。

松狮犬喜欢单一的饲养关系，它有着强烈的个性与钢铁般的意志。它对主人是百分之两百的忠心，它们总是在一旁为主人默默的守护，对侵入其领地的陌生人怀有极强的戒心，在它感觉到主人受到威胁时，它会及时发出驱逐信号，直至发起猛烈的攻击。

松狮犬很稳重，它不会无故大声吠叫；它体臭小，在美容上它不像其他狗狗那样需要特别的修剪，只需定期洗澡，每天梳理被毛即可；同时，松狮犬是一种古老犬种，它比起那些短时间内改良成型的狗狗抵抗力要好得多，患遗传疾病的机率要小些。因此，松狮犬饲养管理较简单，非常适合家中饲养。

总之，正是由于松狮犬奇特的外形、独立特行的个性、饲养的简便，越来越多的人迷上了松狮犬，在全国各地城市的街道及社区内都能见到它们踱着方步的身影。

在这些年的松狮犬专业繁殖中，我已对松狮犬有了很深刻的了解，对这一犬种更是充满了喜爱。经讨多年的发展，这一中华名犬在国内的品质提高了很多。为了跟上发展，我们特地重新编写了这本《松狮犬》专辑，希望能为松狮犬爱好者带来更多的帮助。

张荣辉

目录

松狮犬的起源与发展

松狮犬的起源 002

松狮犬的传说 003

典籍中的松狮犬故事 004

松狮犬的犬种标准

整体外貌 010

大小、比例和结构 011

头部 012

颈部、背线和躯干 013

被毛 015

颜色 016

步态 017

性情 018

失格条件 018

松狮犬的评鉴图解

各部位名称图解 020

大小、比例和结构图解 020

长毛松狮犬体态图解 021

短毛松狮犬体态图解 021

标准头部图解 022

标准耳形耳位图解 022

标准眼睛形状图解 022

标准胸部图解 022

标准背部图解 022

标准前肢图解 023

标准后肢图解 023

标准后躯图解 023

标准足形图解 023

长毛与短毛松狮犬对比 023
标准站姿图解 024
背后正确的步态图解 024
侧面正确的步态图解 024
正面正确走路图解 025
进行中松狮犬应有的气质 025
静态中松狮犬应有的气质 025
性格图解 026

松狮犬的参展

犬展的分类 028
犬展的分组方法 029
裁判审查方法及要点 031
赛前的准备 031
参展前的训练 032
赛场牵犬技巧 034
    定姿审查 034
    步姿审查 035
    不同赛场的牵走技巧 035
指导手的赛场礼仪 037
指导手的着装 038
获得 BIS 的五个要素 039

松狮犬的选购

了解松狮犬独特的性格 046
注意血统纯正 046
在一窝中进行挑选 048
幼犬选购要点 048
检查其健康状况 050
检查其性格气质 052
选购时必须了解的问题 054
    观察犬舍环境 054
    了解犬的食物 054
    了解是否注射疫苗 055
    了解犬繁殖者的经营状况 055
正确判断犬的年龄 056

松狮犬的饲养管理

松狮犬初入家门的准备 058
    犬舍的准备 058
    用具的准备 058
松狮犬刚进门的特殊管理 059
松狮犬的四季管理 061
    春季管理要点 061
    夏季管理要点 063
    秋季管理要点 065
    冬季管理要点 065

松狮犬的营养管理 066
　松狮犬的营养标准 066
　饲喂专用犬粮 067
　松狮犬的日粮配制 068
　掌握科学的喂食方法 069
　过胖松狮犬的营养搭配 070
松狮犬的成长管理 071
　新生仔犬的饲养 071
　幼龄犬的饲养 071
　成犬的饲养 073
松狮犬的运动管理 074

松狮犬的训练

训练的基本方法 076
训练的基本要领 076
幼犬的最佳训练期 077
松狮犬的社交培养 078
训练的基本内容 080
　良好进食习惯训练 080
　排便训练 080
　制止狂吠训练 081
　随行训练 082
　前来训练 082
　坐下训练 083
障碍赛训练 084
　跳跃栅栏架 084
　跨越长跳板 084
　穿越管道训练 085
　其他穿越障碍训练 086

松狮犬的美容

松狮犬的毛发特点 088
被毛梳理 090
清理耳朵 091
清洁眼睛 092
清洁牙齿 093
修剪趾甲 093
清理肛门腺 094
洗澡 094
松狮犬的修剪 095

松狮犬的繁殖

松狮犬的繁殖方法 098
　近亲繁殖法 098
　系统繁殖法 099
　异系繁殖法 100
松狮犬毛色遗传 100
　黑色与其他色相配 100

红色与其他色相配 101
蓝色与其他色相配 101
肉桂色与其他色相配 101
奶油色与其他色相配 101

松狮犬的选种 102
松狮犬的发情 103
　　发情周期 103
　　发情征候 103
松狮犬的交配 104
　　交配适期 104
　　交配前的准备 104
　　交配过程 104
松狮犬的妊娠 105
松狮犬的生产 106
　　产前准备 106
　　产前征兆 106
松狮犬的助产 107

异常生产的处置 109
产后的管理 110
　　刚出生仔犬的护理 110
　　帮助仔犬吮乳 110
　　母乳不足的处理 111

松狮犬的疾病预防

平常注意观察有无异样 114
犬的免疫 114
　　建议免疫程序 115
　　正确的使用方法 115
　　过敏和应激反应 116
　　犬的免疫失败 116

优秀松狮犬鉴赏 118

松狮犬的起源与发展

松狮犬是起源于中国的古老犬种,有据可查的历史已逾2000多年……

松狮犬的起源

松狮犬已有两千多年历史

中国的皇帝在执政的同时，也毁坏了许多先人的一些艺术和文学作品，所以很难确切证明高贵而孤零的松狮犬的祖先是谁。不久以前，发现了一座浮雕，其年代可追溯到汉朝，约公元前 150 年，上面记录了在那个时代松狮犬是一种猎犬，所以该犬至少有 2000 年的历史了。有些学者认为其历史可追溯得更久远。看来松狮犬的确是一个非常古老的品种。

以前的理论认为松狮犬来源于西伯利亚北部地区，为西藏老马尔提夫犬和萨摩耶犬的杂交品种，当然松狮犬也表现出了这两个品种的一些特征。不过基于松狮犬拥有蓝黑色的舌头这一事实可将这种理论驳倒。为此很多人认为松狮犬是基础品种之一。它可能是萨摩耶犬、挪威猎麋犬、凯斯犬和博美犬的祖先，所有这些犬在某种程度上有相似的类型。

今天，松狮犬是一种非常时髦的宠物和守护犬，但在中国有许多证据表明，几个世纪以来它主要作为一种猎犬。在松狮犬的历史中，大概在公元 7 世纪的中国唐朝，它是受皇帝最为推宠的最繁盛的一个犬的品种，皇室曾下令为五千只猎狗和一万个猎人兴建安身之处。很明显，松狮犬是非常具有天赋的一个品种，它几乎能完成其他所有品种所能完成的工作。在狩猎中，凭借其很强的嗅觉能力，忠诚可靠的优点和它的聪明，它常被用于追捕蒙古野鸡和云南鹧鸪。在猎取中，它具有的速度和耐力常受到人们的高度赞赏。

毫无疑问，松狮犬起源于中国的北方，但是在中国的南部数量很大，尤其是在广州的中心区域。在那个地方，它被认为是土产的、固有的。它通常被称作"黑舌"或"黑嘴"犬。在北方，例如北京，它常被称作黑熊犬或更复杂的黑舌头或广东犬等。

"Chow Chow"这名字并不是基于它起源于中国，而是在 18 世纪后半期来自东方的一些文章里面。意思是玩具、小装饰品或小古董等,包括一些奇特的物品,例如瓷器和象牙雕像,并且最后被描述为"混合腌制"的东西,无论是可食的或不可食的,对船只的掌管者来说去写 Chow Chow 比去描述他所运输的各种物品的条目要简单得多,而这名字表述的事物就包括了犬。

第一次西洋人描述松狮犬是由牧师吉伯特·怀特(英国塞尔伯人)记载,后来在讲述塞尔伯的自然历史和古代风俗的书中,详细记载了该犬,与今天的松狮犬没有什么区别,牧师的邻居于 1780 年在东印度公司买了一头从广东运来的松狮犬。

松狮犬于 1880 年被引进英国,维多利亚女王喜欢上松狮犬后,该品种才在英国引起人们的兴趣,当地兴起豢养之风。因维多利亚女王对这种狗特别钟爱,故人们将松狮犬称为"皇后之犬"(以受皇后宠爱为名)。在英国,1889 年第一次成立了专门的俱乐部,1890 年德拜所拥有的一头叫塔克雅的松狮犬,第一次在美国参加展示比赛,并在纽约的西敏寺养犬俱乐部中的混杂品种犬中获得了第三名。

AKC 在 1903 年正式承认了该品种,在 1906 年美国松狮犬俱乐部被同意成立并作为 AKC 的成员俱乐部之一,今天它已成为美国相当确定的品种之一。

松狮犬的传说

有一个传说认为松狮犬是神佛的坐骑,是最接近神的狗狗。话说远古的海和天本都是无色的,天神们经过讨论,决定用蓝色的油彩来增添生趣。但干粉刷活,天神也是头一回,点点滴滴洒落一地,所到之处无不汪洋泛滥。眼看天灾降临,刚好有一只松狮犬的祖爷爷路过神的

蓝舌头让松狮犬成为最接近神的狗狗

松狮犬被视为"镇宅之宝"

油漆架，它伸出大舌头来，三两下就把有生灵居住地方的油彩给舔进了肚子里，阻止了一次人间浩劫，只是舌头上的蓝色油彩喝多少水下去也洗不干净。正在苦恼，一位天神拍了拍它的脑袋，夸它是最接近神的狗狗，从此当它是自己的朋友，并赐予它对抗邪灵的神通。直到今天，松狮犬被人们认为是传说中神佛的坐骑，被国人视为最佳"镇宅之宝"。

典籍中的松狮犬故事

动物行为研究学家——《所罗门王的指环》的作者孔纳·劳伦兹曾认为：凡是带有狼血统的狗，都是只侍奉一个主人的，也就是说，它们只对一个人尽忠，就像在关于狼的古老神话中，狼族"铭记在心"的本性使它们从很小的时候就开始服从狼群中的首领。这种狼的血缘在长着一张狼脸的松狮犬身上相当明显。在各类品种的家犬中，劳伦兹认为松狮犬是最接近狼血统的狗。劳伦兹后来改变了他原先的说法，他对带有狼血统的狗之效忠性,转而认为是其社会性使然。显然他后来的看法比之前的更可信。

劳伦兹说松狮犬有记得主人的能力,在出生后的几个星期就已形成。他自己的亲身经验是,有一次他买了一只小松狮犬作为生日礼物送给他太太,在她生日前,他先将狗寄放在他表哥家,结果短短一周内,那只狗就对他的表哥产生了无法磨灭的记忆。

在他的经典之作中,提到他所养的"史黛西",一只松狮犬和阿尔萨斯狗所生出的混血儿。它对主人的态度,就像狼一样忠贞。史黛西是他生命中的挚爱,同时,也因此带给他不少困扰,他因为工作关系,必须离开家好几天。

有人认为松狮犬有着狼的血统

当主人不在家的时候,史黛西就失去"狗格"变成社区中的恐怖分子,追捕人家饲养的鸡,在树林中奔跑,活像个野生动物。

只要劳伦兹一回到家,它又马上变成模范狗。有一次,他要搭火车出门,史黛西垂着耳朵,把一身毛发弄得乱七八糟,硬是要跳上已经开动的火车,它奇迹似地追赶着并跳入车厢,但是劳伦兹不得不赶它下车,它只好眼露哀伤地被他拒绝。这种狗可说是有心无脑,为了感情而忘却理智,一言以蔽之,爱得过火。当然,所有的狗都能融入我们的生活中,并一往情深爱着我们。

"史黛西和我相处的时间,虽然只占它六年生命中不到一半的时间,然而就我曾见过那么多的狗之中,毫无疑问地,它是最忠贞的。"后来劳伦兹这样写道。

这种牢不可破的人犬关系,是否和它身上流着狼的血液有关?有人持肯定答案;也有人说,松狮犬身上带有另一个世界的神秘特质,这种特质是世俗的人类所无法参透的。

松狮犬对首领"绝对服从"

我们注意到这些尾巴卷曲的松狮犬,的确有些传奇在它们身上,但它的神秘色彩绝非只流露在它的长相或举止之间。它身上有一种薄雾般的、虚渺的、远古的东西在流涌。在爱尔兰的传说中,有些土冢被认为是神仙的秘密住所,而在周围担任看守的正是面露微笑的松狮犬。

以下这段文字描写,显示出历史、考古和神话所有的共同基础,这不仅是个隐喻,更有其真实的一面:

以凶恶之犬任守卫一职,防止世俗之人进入他们的土冢,在传说中,被认为是神灵的行径,而根据唯物论的解释则是一群住在荒野废地上的新石器时代人类,养松狮狗来看守他们的住屋和照顾牛只羊群及其他维生的必需品。这群人住的圆形茅舍,有部分低于地面,屋顶需以从树林寻获的草皮作为覆盖,因此,这些"神仙谷"看起来就像一堆堆的土冢和小山丘。而狗的遗骸,就是在这新石器时代的遗址中被挖掘出土的。

松狮犬的犬种标准

犬种标准是判定纯种犬素质的依据。松狮犬的犬种标准涵盖了该种犬的形态和结构的描述,它包括:总体外观、体形、比例、头部、颈部、背部、躯干、四肢、被毛、颜色、步态和性情等……

整体外貌

松狮犬是中国北部原产的一个古老的品种,这种多用途的犬在中国可用于狩猎、放牧、拉运或看家,而今天主要是一种伴侣动物。当在评价松狮犬时,它最初的工作能力不能忘记。

松狮犬强壮,结实,方形身体,体态优美,是一种寒冷地区的品种。它体形中等,强壮而肌肉发达,骨骼粗壮,身体紧凑,短、宽而深。尾巴着位点高,紧贴于背,整个身体由四条挺直、强壮的四肢支撑。从一侧观看,后腿成一定的角度,跗关节和跖骨直接位于髋关节下方,这种结构使该品种的步态显得短而不自然。头大而阔,颅骨平而短。宽而深的吻在颈部环状毛的衬托下显得非常入神而明显。优雅的身体结构必须达到很好的平衡,不能太过厚重以至于影响其活动能力、警觉性和敏捷性。被毛光滑或粗毛直立,有双层被毛。松狮犬的特点是漂亮、高贵和天真。蓝黑色的舌头非常独特,表情为满脸愁容,步态像踩高跷。

愁眉苦脸是松狮犬特有的表情

整体呈方形,结构紧凑

大小、比例和结构

大小 成年标准松狮犬的肩高平均为 43.2～50.8 厘米。

比例 从侧面看呈方形,紧凑。从前胸到臀端的距离与肩隆处的高度相等。从后面和前面观看身体宽度应一样,并且必须非常宽。这些比例关系是确定松狮犬最基本的条件,在幼犬的评判上,这些比例关系要求也很严格。重大缺点为从侧面观看身体不呈方形。肘突到地面的距离是肩高的一半,胸底面与肘突持平。

结构 中等大小,肌肉发达,骨骼粗壮。不符合标准的是尖嘴,骨骼纤细或过于粗重,体形笨重而粗劣。比较不同性别的松狮犬样本,对于母犬可给以合适的宽容,可能没有公犬的头大和强健的体质,相比公犬的刚毅,母犬则显得柔弱。

头部

神情得意,与身躯相比显得略微大,但是不能太大以至于觉得头重或导致举止谦卑。表情基本上为蹙额、高贵、威严,有洞察力,严肃并且自命不凡,非常具有独立性。蹙额是因为有明显的眉和明显的沟,它是由两眼内角上方、眼上方和眼角处的皮肤皱褶所引起,太多的皮肤便形成了蹙眉,并且在两眼之间起始于吻的基部,向上延伸到前额形成明显的沟。另外由于眼睛的形状和位置,以及耳朵的形状、姿态和位置等共同因素以形成蹙眉和明显的沟。过度松弛的皮肤不太理想,在吻上的皱纹并不影响其表情,并且也是不需要的。

眼睛 眼睛深棕色,深陷,间距宽,有点斜,中等大小,杏仁状,其正确的位置和形状显示了东方犬的特有姿态。眼边缘为黑色,眼睑既不内陷也不下垂,眼睛的瞳孔清晰可见。重大缺点表现为眼睑内翻或眼睑外翻,或瞳孔甚至部分完全被松散的皮肤遮蔽。

耳朵 耳朵小,中等厚度,三角形,在尖端略呈圆形,直立但略微有点前倾。在颅部上方的耳内角相距较宽,耳朵随着身体的运动而跳动是非常不受欢迎的。不合格之处为一只耳或两只耳下垂,一只耳下垂是指

眼深陷、杏仁形、呈深棕色

从耳基部到耳尖的任何部分下垂或者耳朵不能直立,而是与颅部顶部平行。

颅部 顶部从左到右,从前向后宽阔而平坦,被毛和松弛的皮肤不能掩盖真实的骨骼结构。从一侧看,吻部的顶线和颅部的顶线几乎平行,与中等的额鼻间凹角相连接。隆起的眉使额鼻间凹角显得更深。吻部相对于颅部顶部的长度要短,但不会小于头长的1/3。吻部宽阔,轮廓清晰,位于

头显得较大,面部威严

眼的下方,其宽度和深度相当,并且两者的大小从基部到顶部相等。这种方形的结构是恰当的骨骼结构加上吻部的衬托和丰满的嘴唇而形成的,当嘴闭合时,嘴唇完全盖住下唇,但是不应该下垂。

鼻子 鼻子大,宽阔,黑色。鼻孔开张合适。不合格之处为鼻有斑点或不是黑色,除了蓝色的松狮犬鼻子是纯蓝或暗蓝灰色之外。

嘴和舌 唇的上部和边缘为纯蓝黑色,颜色越深越好。不合格之处为舌的上部和边缘为红色和粉红色或者有一个甚至更多的红色、粉红色斑点。牙齿结实、咬合平整。

颈部、背线和躯干

颈 颈结实、丰厚、肌肉发达、微弓。当站立时,颈部足够长,头高抬,很有自信感,位于背线以上。背线直而结实,从肩到尾根部水平。

躯干 体短,紧凑,坚实,强壮,肌肉发达,宽阔,深厚,在侧翼有点下沉。身体、背部和臀部必须短,以适应方形的身体。胸宽、深而肌肉发达,不能窄

背线直,前后躯都较宽

而侧面扁平。肋骨收拢紧密,弯曲良好,但不能呈桶状,两前肋窄,以使肩和上臂能平缓地与胸壁相接触。胸底宽而深,一直延伸到肘部。胸骨的前端略在肩端的前面。严重的缺点为困难的或腹式呼吸(不包括正常的气喘)、窄或侧面扁平的胸。腰部肌肉发达,结实,短,宽而深厚。臀部短而阔,强健的臀部和大腿肌肉使臀变得扁平。尾巴着位点高,贴于背部,并起始于脊柱线。

前躯 前躯两肩强壮,肌肉发达,肩胛骨的顶点中等合拢。脊柱与肩胛骨约呈55°角,并且与上臂骨约呈110°角。上臂骨的长度不能长于肩胛骨。肘关节向后倾位于胸壁一侧,肘既不外展也不内收。前腿从肘到脚相当直,骨骼粗壮,但必须与犬身体的其他部位成比例。从前面看,两前腿平行,间距宽,与宽阔的胸相配衬。跖部短而直,腕关节不能过度屈曲。悬爪可以切除。脚圆形,紧凑,似猫样,脚垫厚。

后躯 后躯同样宽阔，强健，肌肉发达。后腿与前腿一样有粗壮的骨骼。从后面看，两后腿直而平行，间距宽，与宽阔的骨盆相称。膝关节处有一定角度，连接紧密，非常稳定，指向前侧，关节的骨骼平整而锋利。跗关节适度低位，几乎成直线形，跗关节应强壮，连接紧密而结实，不能弯曲或突向前方或两侧。跗关节和跖骨在髋关节的下方并且位于同一直线上。严重的缺点表现为不坚固的膝关节或跗关节。跖骨短，垂直于地面，上爪可以切除，脚如前脚。

被毛

松狮犬有粗毛和软毛两种，两者都为双层被毛。粗毛的被毛外层的毛量多，厚密，直而竖立，质地相当粗糙；下层被毛软，厚或呈羊毛样。幼犬的

粗毛松狮犬

平滑毛松狮犬

毛全身毛发软、厚,呈羊毛样。被毛围绕头部和颈部形成大量的颈毛,公犬的环颈毛要长于母犬。尾巴也有很多毛覆盖,对不同的松狮犬,被毛的长度有明显的变化。厚密度、质地和状况等比长度更为重要。明显的修剪和造型是不可取的,对触须、脚和跖部的毛可进行选择性修剪。光滑度用粗毛松狮犬的标准去评判光滑被毛的松狮犬是不合适的,但在评价外部被毛的质量和分布是可以的。光滑被毛的松狮犬毛硬、密,外毛光滑,软毛有限,在腿或尾部不应该有明显的环状毛或毛丛。

颜色

颜色鲜明,纯色或在颈毛、尾部和毛丛中有一些轻微的颜色变化。松狮犬有五种颜色:红色(淡金黄色到深红褐色)、黑色、蓝色、肉桂色(淡棕色到深红褐色)和淡黄色,这些颜色不分伯仲,地位平等。

黑色　　　　　　　　　　　　　　蓝色
　　　　　　　　　淡黄色
奶油色　　　　　　　　　　　　　红色

步态

正确的运动是极重要的一项评价。步态必须正确、直行、轻快、简明、迅速而有力,不能笨重及动作迟缓。后腿的步伐短而夸张,因为要适应于较直的后腿。从侧面看,很容易看出其独特的高跷式的动作。后腿在直行时从髋关节处向上向前迈进,成一种摆式的直线。臀部随着有一点弹跳,腿向前向后伸展的都不多,后腿有很强的推动力。由于后腿的屈度很小,它可以强有力地推动身体向前几乎以直线运行,同时前腿也配合得十分合适。荐部必须短,在中部部分不能有滚动感。从后面观看,从髋结节必须指向行走线,不能外偏,防止导致 O 形腿或跛行。从前面观看,从肩关节到脚垫的骨骼线在犬行走时保持直线,随着速度的增加,前腿之间不平行,相反,而是略微倾向内侧。但前脚不能旋转画半圆,也不能矫饰地行走或者显示出乘马步态的动作。前后腿的配合必须符合动力学的平衡,松狮犬在某种程度上缺少速度,它健壮而直的后腿为其运动提供了很好的忍耐力。

步态不能显笨重和迟缓

性情

性情热情、机智,具有独立精神和特有的尊严,给人以疏远孤独的感觉。松狮犬对陌生人天生具有沉默的洞察能力,表现出攻击性或怯懦是不能被人接受的。由于它的眼睛很深,限制了它的视野范围,最好在它的视野范围内接近它。

根据该犬与标准相差的程度来对其缺点进行评判。在评判松狮犬时,整体形象很重要,在以牺牲平衡性或健全为基础的一些过度的特征将视为严重缺陷。评判种类应包括犬体形态、性情、各部分的协调性、犬运动时的完美性等。松狮犬在运动时所表现出的形态、平衡性和完美性是作为评判松狮犬的最终检查。

失格条件

一耳或两耳下垂,一耳在从耳根至耳尖的任何一点有中断下垂或没有直立而是与颅部顶部平行;鼻子上有斑点或明显的其他颜色而不是黑色(除非是蓝色松狮犬,其鼻子可能是纯蓝色或暗灰蓝色);舌的正面或边缘为红色或粉红色或一个或更多的红色、粉红色斑点。

以上标准由 AKC1986 年 9 月 11 日通过,1990 年 8 月 21 日重新修订。

松狮犬的评鉴图解

通过对犬只结构进行详细解构,有助于我们更为深刻地理解犬种标准……

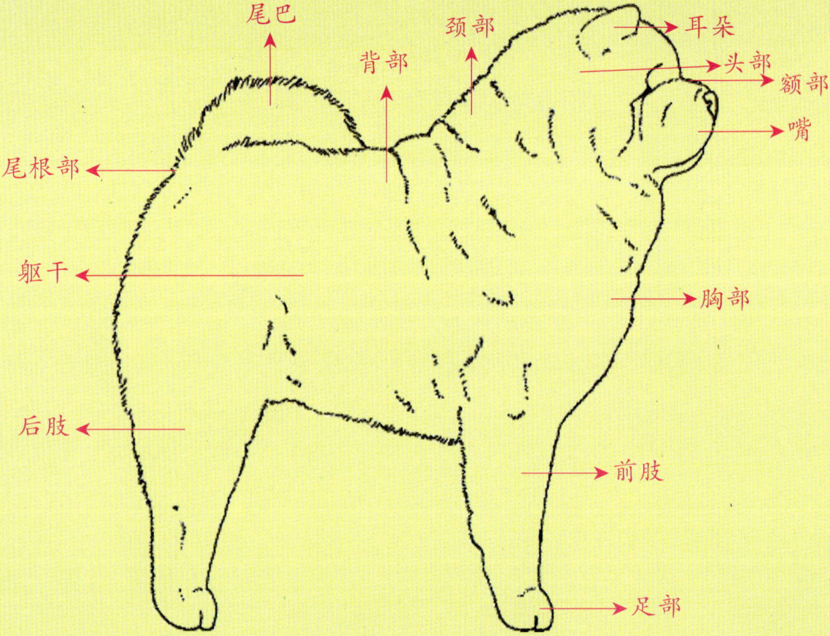

◆ 各部位名称图解

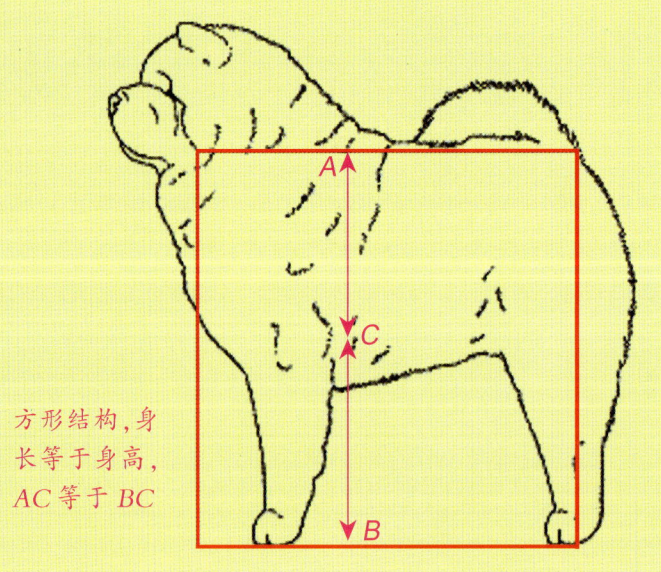

方形结构，身长等于身高，AC等于BC

◆ 大小、比例和结构图解

毛长,外毛毛量多,毛厚密,质地粗糙,内毛柔软,厚密

◆ 长毛松狮犬体态图解

◆ 短毛松狮犬体态图解

毛短,被毛硬密,光滑,软毛相对较少

头较粗大,前额有明显皱褶表情威严

◆ 标准头部图解

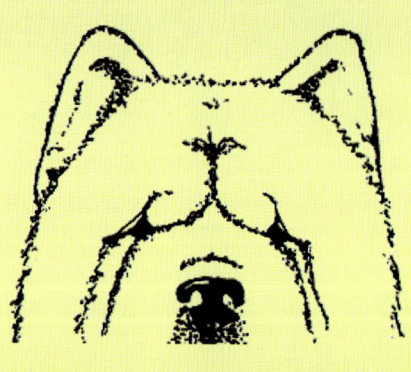

直立,耳小,三角形,尖端略圆

◆ 标准耳形耳位图解

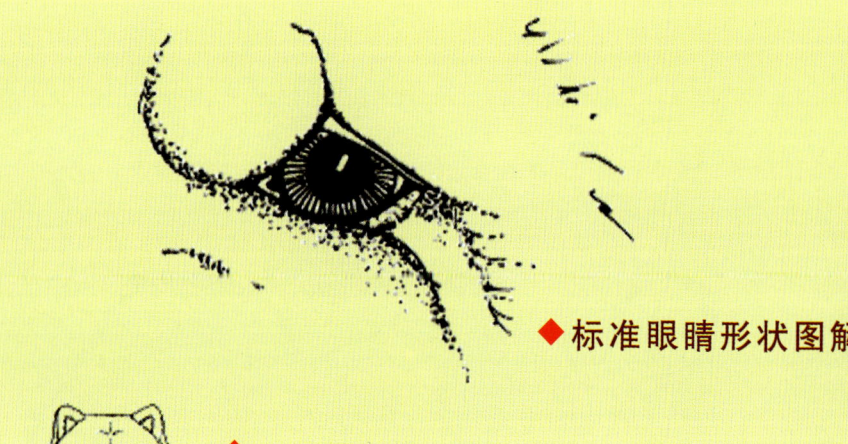

◆ 标准眼睛形状图解

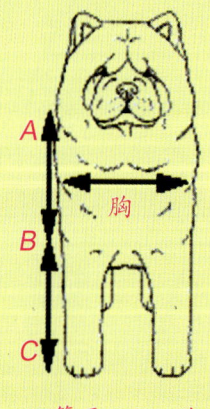

AB等于BC,胸宽深,一直延伸至肘部

◆ 标准胸部图解

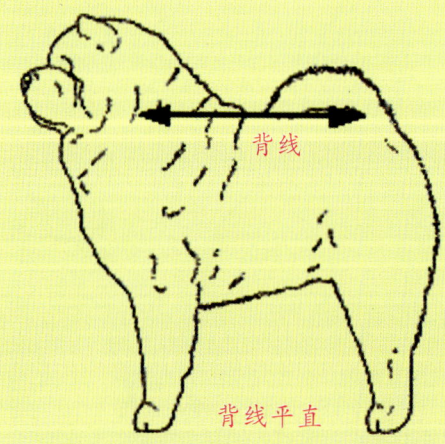

背线平直

◆ 标准背部图解

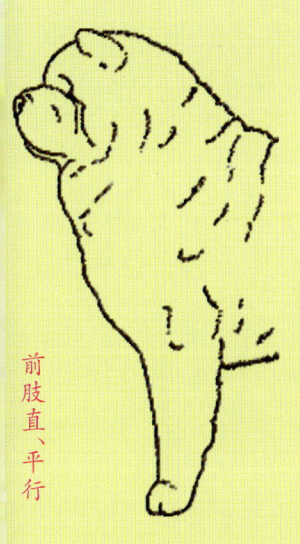

前肢直、平行

◆ 标准前肢图解

后肢粗壮，跗关节、跖骨在髋关节下方，在同一垂直线上

◆ 标准后肢图解

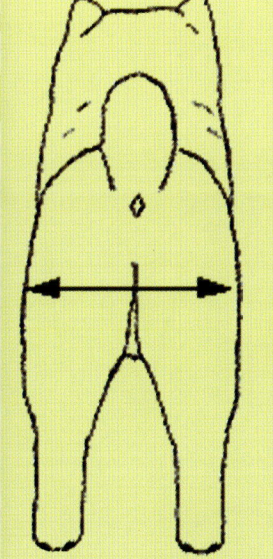

后躯宽阔、肌肉发达

◆ 标准后躯图解

◆ 标准足形图解

圆形、猫足

长毛与短毛松狮犬在同等大小体躯上的被毛覆盖比较

◆ 长毛与短毛松狮犬对比

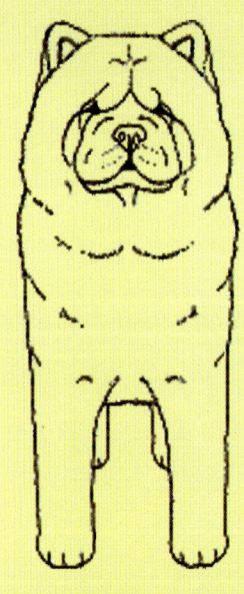 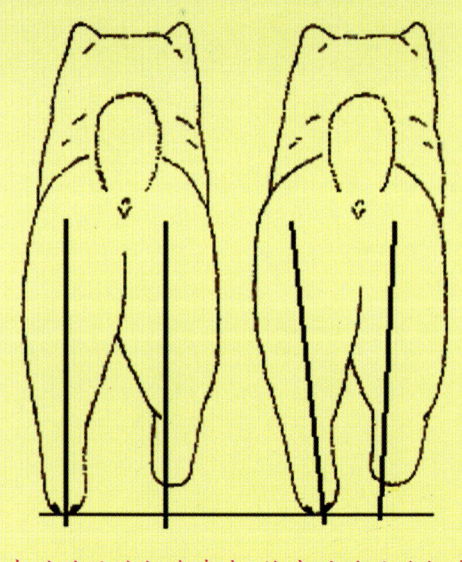

慢走时的后肢标准步态　快走时的后肢标准步态

◆ 标准站姿图解　　　◆ 背后正确的步态图解

 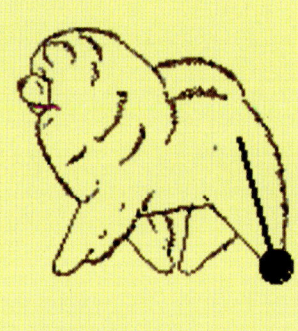

行进间后肢的正确落点　◆ 侧面正确的步态图解

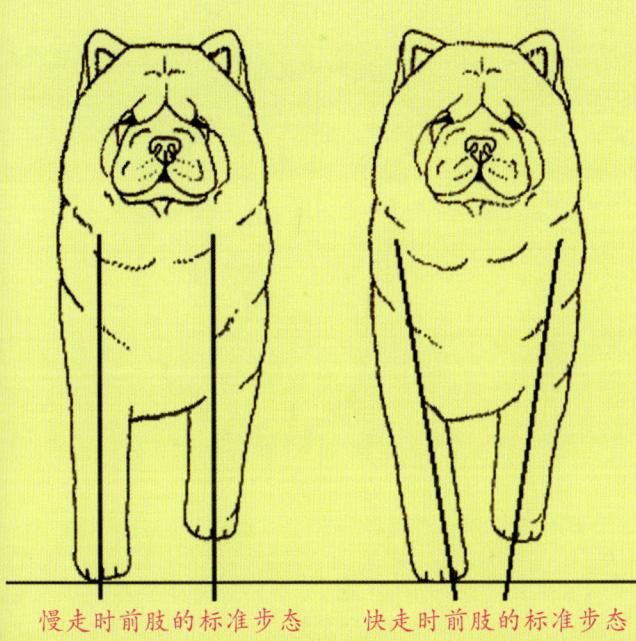

◆ 正面正确走路图解

慢走时前肢的标准步态　　快走时前肢的标准步态

应显得具有独立精神及独有的尊严

◆ 静态中松狮犬应有的气质

行进应当直线步伐,显得简明,迅速有力

◆ 进行中松狮犬应有的气质

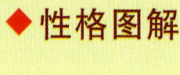
◆ 性格图解

发现陌生人时松狮犬应保持的高度警惕

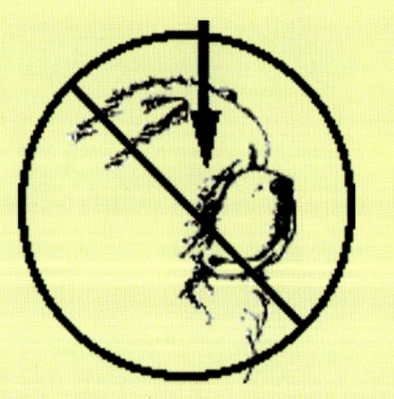 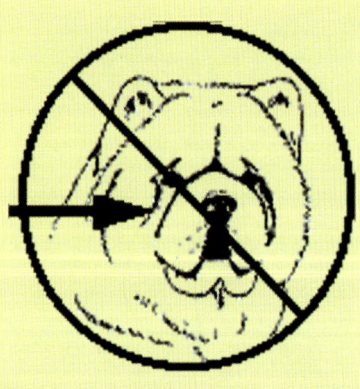

陌生人从正面接触它会引起松狮犬对他的敌意

松狮犬的参展

犬展是犬行业交流促进的展示聚会。如果你想了解松狮犬的魅力,你可以前去观摩。如果你有一只漂亮的赛级犬,你也可以让宝贝狗狗到赛场上一展身手……

犬展的分类

犬展按级别可分为国际性犬展、全国犬展、区域性犬展及各俱乐部（协会）本部展。这些不同级别的犬展按规模还可分为全犬种展和单犬种展。全犬种展分为运动犬组、猎犬组、工作犬组、㹴犬组、玩赏犬组、牧畜犬组等；单犬种类如松狮犬单独展等。

美国西敏寺犬展 美国西敏寺犬展已经有近130年的历史了，西敏寺犬展每年都要举行一次。现代的西敏寺犬展几乎成为当今世界最高级别的犬种展示比赛，只有取得冠军登陆的犬才有资格参加西敏寺的比赛。参赛的犬只无一不是身经百战的各地冠军名犬，世界各地的名犬都以在西敏寺犬展中夺魁为最高荣誉。

英国克鲁夫特犬展 克鲁夫特犬展是由狗饼干供应商查尔斯·克鲁夫特于1886年首创，是英国规模最大、规格最高的全犬种犬展，每届犬展都吸引了全球各养犬俱乐部或协会参与。

国外的知名犬展制度也很完善，经过百余年的发展，

意大利米兰犬展 米兰犬展和其他重要的犬展不同的是：米兰犬展的参赛者除了那些专业的养犬者以外，更多的是业余的养犬爱好者和名犬发烧友。他们之中有来自意大利本土的，也有来自欧洲邻近各国的。米兰犬展参赛者众多，比赛场面壮观。

国内犬展 进入21世纪，随着养犬业的发展，各大中城市纷纷成立犬协或俱乐部，各协会、各俱乐部之间加强了沟通，与海内外许多犬协或俱乐部的交流与合作也得到了加强。现在国内每年都要举办56场犬展，国内的大中城市都会举办至少一场犬展。国内一些规模较大的犬展，在海外也有了一定的影响力。中国台湾、中国香港、泰国、韩国的一些犬舍也纷纷选送一些优秀犬只前来参加展示。

犬展的分组方法

不同的犬展，它的分组方法是不同的，犬主必须仔细的查看赛事指南。现在国内犬展一般采用的是美国养犬俱乐部（AKC）和世界畜犬联盟（FCI），以及各个当地协会制定的赛事分组。如果赛事是按美国养犬俱乐部（AKC）的标准的话，所有犬只分为七大组群；如果是按世界畜犬联盟（FCI）的赛事分的话，所有犬只分为十大组群。在此基础上，同犬种又分为公、

犬展是犬迷们的欢乐盛会

这只松狮犬荣获"baby"组的全场后备总冠军

犬展常用术语

犬展常用术语及英文缩写对照表

BIS = Best In Show = 全场总冠军

RBIS = Reserve Best In Show = 全场后备总冠军

BPIS = Best Puppy In show = 全场幼犬总冠军 = 全场最有前途奖

BJPIS = Best Junior Puppy In Show = 全场特幼犬总冠军

KING = 最佳公犬

QUEEN = 最佳母犬

BIG = Best In Group = Group lst = 犬组群冠军

BOB = Best of Breed = 单犬种冠军

BOS = Best Opposite Sex = 最佳相对性别

WD = Winner DOG = 单犬种优胜公犬

WB = Winner Bitch = 单犬种优胜母犬

BOW = Best of Winner = WD 和 WB 之中的获胜者

BISS = Specialty Best In Show = 单独展的全场总冠军

母两组,然后依月龄的大小又分为幼犬组(3~6月龄、6~9月龄)、青年犬组(9~12月龄)、成犬组(12~18月龄、18月龄以上)数组。国内大多数的犬展的赛制都是组织者根据AKC和FCI赛制结合实际情况设立的。

单独展分组方式有许多种,但通常是分公、母两组,而后又根据月龄大小分为特幼组、幼小组、幼犬组、未小组、未大组、冠军组数组。

裁判审查方法及要点

参展者按组别凭号码牌入场后,先依次进行个别审查,由评审员对参展犬只逐一检查其牙齿、咬合、骨骼、睾丸等是否健全,是否具备参赛资格后,再做比较审查。由指导手牵引参展犬只绕行审查场,进行步容、立姿、秉性及动态、静态等审查。除了根据各部分标准来评分外,尚要注重整体的均衡及动态的美感,来决定谁能从中胜出。

赛前的准备

根据一些松狮犬饲养专家的经验,赛前应作好如下准备:

1. 参展犬在赛前已预防接种,不然易感染某种传染疾病。

2. 松狮犬的美容直接影响松狮犬的气质,在参赛前应请专业美容师按展示要求进行精心整理。

3. 若犬展在远地举行,最好提前1天到达,缓和因长程旅途引起的疲劳。

4. 犬展当天应提早

审查要点:1.眼睛的颜色;2.鼻的颜色和形状;3.颚(下颚还是上颚突出)以及牙齿位置;4.头部姿态、颈的长度与双肩的关系;5.双肩角度及肌肉强度;6.胸的厚度、肋的弯曲和弹性;7.性别、睾丸是否正常;8.尾巴的形状、长度及姿态;9.四肢骨骼的形状、长度和角度;10.身体的结合比例;11.背部长度和曲线;12.毛皮和皮肤的状态,皱纹和皮肉下垂等;13.头各部比例;14.耳朵的大小、形状及位置。

赛前应做到有备无患

到会场,先找个阴凉的地方稍事休息,并避免日晒过度。

5. 参展当日犬只给食量减半或空腹,以免参展中途呕吐而影响精神。

6. 准备犬只饮水及其训练用精美食物。

7. 做好赛前准备工作,适应会场环境。

8. 不要殴打或恐吓,以免怯场。

参展前的训练

如果你有一只资质不错的松狮犬,并想在犬展上有良好的表现,那么你必须根据犬展的要求,对你的爱犬进行严格而系统的训练。一只松狮犬在犬展上能否获得裁判青睐,关键在于它的静姿和动态是否完美,所以平时对它进行定姿和步态的训练必不可少。

定姿训练 在评比中,除要观察松狮犬的外貌是否美观外,其站立姿势的

定姿训练

好坏也是能否取得优胜的关键。因此，平时就要训练犬摆出良好的姿势，为参展作准备。为此，可利用犬怕跌的心理，在一块面积较小并高出地面的地方，用小桌或一块垫高的木板进行。首先将松狮犬抱到小桌上，让它的后腿靠近小桌的边缘部分，松开手，犬由于怕跌，四肢发软想趴下，这时我们要一只手托住它的前胸或下巴，另一只手轻轻向上扶住犬的尾巴，注意不能拉尾毛，以免引起疼痛。托着前胸的手也配合着向前推，使犬不能坐下。当犬发觉后腿将失去支撑，再后退就要踏空时，就会本能地把身体向前倾，向上挺起，前肢踏实，脚趾收紧，呈现出一种四肢挺直、昂首挺胸的标准姿势。只要把这种方法重复多次，犬就可学会，以后即使站在平地上，只要我们扶住尾巴向后牵引，犬便会反射性摆出标准的优美姿势。

步姿训练

步姿训练 松狮犬的运步像踩高跷，应有弹性，步幅大小适中，行动稳重。步姿训练一般有三个方法：一是用语言发号施令；二是用绳子等物件传递信号；三是通过手或身体等形体动作进行训练。如果能同时运用这三个办法,那就更好了。刚开始训练时,小犬常常不能理解口令的意思,这时用手或犬绳等辅助手段,能较好地传达训练的目的。训练时,主人应自始至终保持命令的一致性,并采用正确的牵犬方式。

在赛场上松狮犬最容易在转弯时步姿出错,下面将分别详细介绍几种转弯的训练。

向右后转 这一训练动作的目的是为了阻止犬无论何时都一直要走在前面。先踏出左脚然后向右转,左脚迈出的步子应为小半步,这样转起来就比较方便。在带犬外出时,尽量避免出现途中停下等待犬或强行把犬拉到身边等现象。

向左转 在犬稍微走到前头或突然加快脚步的时候,可以采取这种方法来纠正。向左转时与犬撞到一块,可以使其恢复到原来所处的位置。具体的步伐调整方法为,踏出右脚,以此为轴心,向左转90°,使左脚能撞上犬为宜。如果习惯犬跟在右侧的人,则向右转。

向右转 在犬脚步缓慢,或虽跟在主人身后,但位置不正确的时候采用的纠正方法。迈出左脚,以此为轴心向右转90°,然后再迈出右脚。如果习惯犬跟在右侧的人,则向左转,要领与向右转一样。

赛场牵犬技巧

◆定姿审查

当审查开始时,就要做个别审查,此时你就要依顺序让犬摆好姿势接受审查。指导手要以最完美的方式在最短时间帮助松狮犬做好定姿动作。将一只手放在犬的胸下部以抬高前端,然后

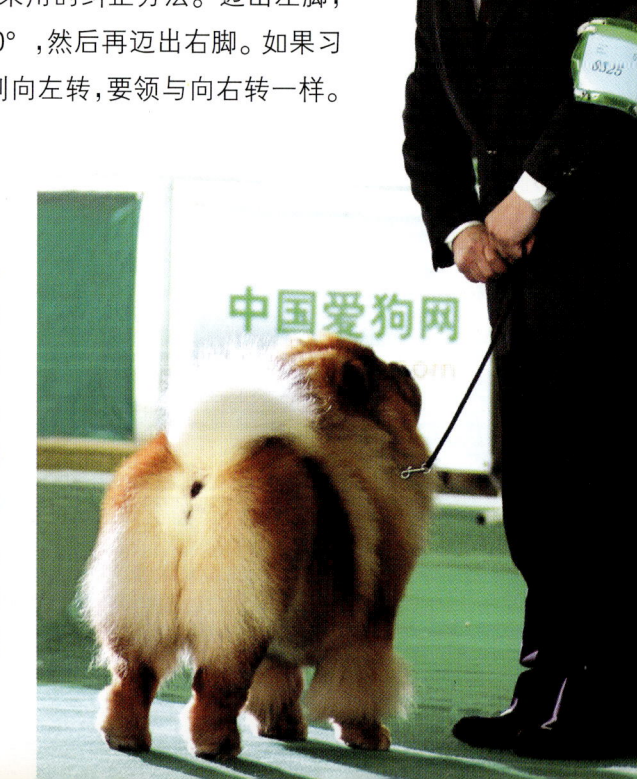

将手移至颈部以做出正确的头部姿势,同时另一只手尽可能地调整后腿和尾巴,要像是爱抚狗而不是摆布它。轻触狗的最后一根肋骨下方,能使它收紧腹部肌肉,以达到最佳效果。

◆ **步姿审查**

在步姿审查中裁判希望看到的是步伐从容、稳重的松狮。调教者有责任提供足够的空间和自由,让狗以正确的姿势跑动,同时自己行动时也不能阻碍狗。调教者必须选择跑动的线路,指导手应该先熟悉场地。

犬的优点尽量展示出来指导手的职责是将

要使狗的步法达到最佳效果,需要先测定其小跑的速度。确定犬的正确步幅和皮带长度是非常重要的,最优秀的指导手和犬一起在场中表演时,会如隐形人般,让犬看起来似乎是完全自由地行动,实际上,这也是所有调教专家追求的目标。

指导手与犬应以和谐方式跑动,要当心跑动时犬的步法。在跑动时,要确定前面有足够的距离,以使你的参赛犬不会被迫缩短步幅。

除了观察狗的步法之外,裁判还会评判狗进场和离场时的动作,这时候常常需要以较为缓慢和更"泰然自若"的小跑步,并记住要让狗沿着直线跑动。

◆ **不同赛场的牵走技巧**

I 字形的牵走 所谓 I 字形就是从原点出发走直线,至终点后做 180°的

专家提示

没有一只犬是绝对完美的,因此指导手就要把犬的优点表现出来,而把缺点用技巧掩饰起来,让犬只在审查员面前呈现出最吸引人的秉性与气质。

不同的赛场,应采用不同的走法

旋转再回到原出发点,这也是做个别步容或姿态审查时用的方法,这种走法主要便于审查员观看犬的后肢及前肢的步容和架构。如果你的爱犬后肢较弱,就要把牵绳放松一点,让犬的重心前移,就会改善许多。走直线时步容要轻快,速度适中,配合指导手的步伐,犬不要离开人远或靠得太近。到终点旋转时,指导手应以单脚固定,以另一只脚旋转,犬在人的外侧绕圈旋转。如犬走得慢时,指导手可以配合走小步一点。旋转后审查员开始注意犬的正前面走姿,要注意犬的头部,不要让它低着头出现像老牛拉车似的步容。若出现牛步时,牵绳可以一松一紧地控制,来改善它的牛步。

　　四肢均衡的犬,牵绳不要过紧,否则容易使前脚踏空,前肢踏空时容易有交叉步容出现,应尽量避免。旋转后,步行至审查员前一米处时应停止,并把姿势摆好。

　　三角形的牵走　走三角形的赛场,主要是审查员要看犬的侧面步容。此时要昂头挺胸且活力充沛地快步前进,在转弯时指导手应大步急转,以跟上犬的步调。遇上活力充沛、动作灵活的犬时,可以用Ⅰ字形的转弯法,以免犬走得过快而扰乱步调的和谐。

　　圆形的走法　一般圆形的走法是以逆时针的方向做全场的牵走。此种走法大都是整组犬一起走,做比较审查时使用较多。此种走法大多在整组犬出场后，个别审查之前或之后绕行整个赛场，以做比较审查。由于是整组犬一起走，因此要注意保持彼此的距离，并依审查员的指示，慢慢地加快速度，以最美、最和谐的步伐前进。走得较慢的犬可以较靠内，速度较快的犬可以走外侧或者慢点出发，以保持适当的距离。如审查员示意停止时，立即摆好站姿，把犬"定"起来，并随时注意审查员的视线，调整方向，以完美的侧面"定"姿对着审查员，切记不可把犬的屁股朝向审查员，否则即使你的犬"定"得再好，也会被扣分。

指导手的赛场礼仪

面对评审员时 在接受评审员的个体审查时，不能对评审员讲话，但是要行注目礼。除此之外，要始终保持用正面对评审。

调换位置时 当评审员要调换位置时，要从其他人的后面向前走，并且要跟其他人的狗保持距离，以示尊重。

开始起步时 当评审员要求全体人员共同跑环形路线时，处于第一位的人应该与最后一位做示意性的沟通，当确定最后一位已经准备好时，才开始起步。

等待审查时 等待审查时要跟前面的狗保持一定距离，这个距离根据场地和狗的大小而有所变化，但是原则上，无论体形大小的狗，至少要保持两倍于犬只身长的距离。

比赛结束时 比赛成绩得出时，应该主动向获胜者握手或拥抱表示祝贺，向评审员

表示感谢。

无论任何时候，都要保证自己的狗不要接触到别人的狗，并且要尽量确保自己的狗不要影响到其他狗的状态，这是比赛中的原则。

指导手的着装

上场比赛，指导手必须要穿正装。着装的要求是对传统的一种沿袭，同样也是对比赛的尊重。一个有经验的指导手不但可以从着装上体现美感，展现自我，更能够用服装去衬托参赛犬的魅力。

既然是犬展，那狗当然是主角，而作为指导手，应甘当陪衬。其实无论指导手做任何动作，使用任何技巧，其最终目的只有一个，那就是要秀出一只狗最有魅力的姿态，让它们趋于完美。为了更好地秀出一只狗，让评审员对狗留下更深刻的印象，指导手会始终让狗的位置保持在评审员与自己之间。

服装的颜色要衬托狗的线条　服装的颜色不要和狗狗的毛色相同或相近，最好选互补色。这样狗狗的整体轮廓才能在衣服的背景色下显得更为清晰与突出。如果你要带纯黑色的松狮犬上场，那么千万不要穿如黑色、深紫色等深颜色的服装；相反如果你的松狮是浅色则指导手最好穿深色系的服装。否则，就会影响评审员的视觉效果，让人感觉狗的线条和轮廓已经被同样的颜色所模糊了。

着装满足比赛功能需要　服装要尽可能地为比赛服务。肥瘦合适的裤子可以让你行动自如，又不会显得臃肿懒散，着装最好选取与狗狗性格相一致的稳重服饰。最重要的一点是在服装的右侧一定要有一

个较深的口袋,这个口袋可以放置一些必备的物品,例如吸引狗的诱物,整理长毛狗的排梳等等。但是要保证在跑动的过程中这些东西不会掉出来。

着装体现个性 虽然是穿正装,但是也要包装自己,展现个性魅力。例如在样式、颜色、细节上可以融入时尚细节,让观众和评审对你过目不忘,这样就能让更多的人对你和你所带的犬只留下深刻印象。

获得 BIS 的五个要素

BIS是 BEST IN SHOW 全场总冠军的英文缩写,BIS 是犬展中的最高荣誉,追求 BIS 是每一个参加犬展者的光荣与梦想。获得 BIS 的狗狗总会成为全场注目的焦点,领奖台上的掌声、聚光灯下的荣耀既属于冠军犬,但更属于那些为之努力的、深爱着、珍惜着它们的主人。

荣获单独展全场总冠军的松狮犬

每次犬展中面对那些经过一轮又一轮的比赛,在激烈的竞争中过关斩将,淘汰一个又一个对手,最终从所有犬只中脱颖而出获得 BIS 的狗狗的时候,面对评审员我们总会想问:究竟什么样的狗狗才能获得 BIS 呢?

根据美国 AKC 众多裁判的经验,他们总结出要获得 BIS 有以下几个要素:

接近标准 犬种标准,它是判定纯种狗素质的参考依据。每一种犬的标准都涵盖了对犬的形态和结构的描写,其中包括:总体外观、体形、比例、头部、颈部、背部、身体、前躯、后躯、被毛、配色、步态、性格。当然还有对于

这个犬种,各个部分的缺陷的鉴定。犬展中评审员比较狗的优劣,最基本的方法就是给狗逐一打分,狗狗的综合得分越高那这只狗就越接近犬种标准。当不同品种的几个犬种在同场竞技的时候,评审员仍然会依照各个犬种的犬种标准独立打分,哪一只犬越接近该犬种的标准,其得分会越高,得分最高者便会从中胜出,最后获胜的机会也会越大。所以 BIS 的五个要素,最基本的要素就是参展犬本身是一只血统优良的纯种犬。

培养管理　"千里马常有而伯乐不常有"。其实有很多血统具备良好参展素质的幼犬,没有拿到好成绩的原因并不在于它们本身的素质,而是缺乏良好的培养和科学的管理。管理包含很多非常专业的内容,例如:营养、美容、运动以及日常生活中很多习惯的培养,样样细节都不能疏忽。管理是一个非常细致入微的工作,例如不同的地面会对狗的爪形、关节产生不同影响;不同的梳理工具会对狗的被毛有不同作用。还有一些尾巴应当与背线水平摆动的狗,如果长期饲养在狭窄的空间里,不但尾巴上的饰毛会受到损伤,尾巴的形态也会渐渐改变。诸如此类的点点滴滴无处不在地体现着管理者的技术。现在国内有些犬舍花重金从国引进的冠军狗,刚到国内时在犬展中都能拿到一些大奖,可到不了多久这些冠军狗狗便成绩大幅度下滑,最后则杳无音信。为什么会出现这种"江郎才尽"的现象呢?其中一个很重要的因素那就是缺乏高技术的科学管理。所以我们在引进好的犬只的同时更重要的是引进其管理的技术,学习国外的东西要深得其精髓。

科学训练　即使是一只外形条件非常优秀的狗,如果缺乏训练,也难以在赛场上展现出自己的气质和精神状态,最终也很可能会被淘汰出局。有人认为,参展犬的训练科目只包括牵引随行和摆 Pose。其实对于参赛狗来讲,游戏和玩耍也同样非常重要。因为在游戏的过程中,狗和主人会建立非常自然的依赖关系,而且狗和主人都会获得快乐,这对狗的亲和力、信心的培养非常有利。自信心对参展狗来说同样是至关重要的,一只

狗能否获得冠军也与平常的训练管理密切相关

白信足的狗狗总能得到评审员的青睐。

参赛美容 犬展上,参展犬的美容和选美比赛中模特的美容有着异曲同工之妙。要说明的是,参展犬的美容和宠物犬的美容是有很大区别的。参展犬美容的出发点是除了能让狗保持清洁、漂亮的外观之外,还要根据犬种标准的规定及每只狗的特点,考虑到如何掩盖修饰它们的不足之处,使它们看上去更加接近标准。

临场发挥 在犬展中,当两只狗在外观标准、美容上水平都比较接近时,指导手就成为了决定胜负的关键人物。一名优秀的指导手,对参赛犬只的管理、训练、美容等技术精通,他可以利用丰富的经验、敏锐的思维、细致的观察来调整狗的状态,调动狗的情绪,掩盖狗的缺陷;以优美的姿态、轻盈的步伐、高超的技巧去展现一只狗最完美的一面。指导手是犬展中的灵魂人物,它们在奔跑中追逐目标,在秀姿中展示自我,在赛场上寻找快乐。

比赛环境 这里的比赛环境所指的是人文环境。因为各个国家对于相同犬种的标准或多或少会有所差异。因此，同样级别的赛事由来自不同地区的评审员来评判，很可能出现不同的结果，这是很正常的。另外一方面，因为评审员毕竟也是人，他们也有着自己的喜好与观点。标准是一把尺，每个评审员都有自己衡量的方式，在不失公允的情况下，评审员根据个人的偏爱来决定比赛的成绩，是无可厚非的。报名参加犬展，就意味着要接受比赛的结果，并且尊重评审员的决定。犬展的结果就像足球赛一样有时往往有意想不到的结果，也许这也是犬展的另一个魅力所在。追求 BIS 是我们的目标，但不是我们唯一的宗旨。我们的宗旨是参与到这场有趣的活动中展示爱犬。

相关链接

AKC的冠军登录

美国养犬俱乐部(AKC)的犬展有统一的积分制度。现在将介绍美国养犬俱乐部(AKC)的犬展积分计算方法。

1. 优胜犬(winners)

在一个品种内先将性别区分。在一个性别内又将犬只分为：幼犬1组(6~9月龄)、幼犬2组(9~12月龄)、亚成犬组(12~18月龄)、初级参赛犬组等。在这些组别的第一轮竞争中获得第一席，就获得了晋级优胜犬角逐的机会，分别评出优胜公犬(Winner Dog)一只、优胜母犬(Winner Bitch)一只。优胜公犬、优胜母犬与冠军登录犬(可能有多只)它们不分性别，都直接参与BOB的选拔。

2. 积分的计算

第一步，计算参赛犬的数量，要算出在品种内，与你的犬只同样性别的参赛犬数量。无论它们参加的是哪个组别，只要是性别相同的都包括在内。但是这其中不包括直接参加BOB选拔的冠军登录犬、失格的犬只、被驱逐出场的犬只。

在AKC制度监督下的犬展，会有明确的审查记录，审查记录中会详细记录合格参赛犬的数量，以备查阅。

第二步对照表格计算积分

分数	1分		2分		3分		4分		5分	
性别	公犬	母犬	公犬	母犬	公犬	母犬	公犬	母犬	公犬	母犬
数量	2只	2只	4只	5只	7只	8只	10只	12只	15只	19只

由此表格我们可以看出，参加比赛的犬只数量越多，取得优胜后获得的积分也就越多。一场比赛的最高积分为5分。当参赛的公犬数量在2只以上4只以下时，获得优胜公犬(Winner Dog)积1分。当参赛的母犬数量在8只以上12只以下时，获得优胜母犬(Winner Bitch)积3分。

3. 完成冠军登录

在AKC制度下，犬要完成冠军登录，得到CH头衔，必须得到15个积分。这15个积分中必须包括两个组分(Major)。组分是指在一场比赛中得到3分、4分或者5分，而这两个组分必须是不同的审查员颁发的。这种状况下，积分达到15分就可以完成冠军登录。如果一只狗得到15个1分，依然不能完成冠军登录，而完成冠军登录的最高等级，是得到3个5分，最低等级则是得到2个3分加上9个1分。虽然都是完成冠军登录，但上述两种完成的方式可以客观地反映出犬只的实力和素质。

了解松狮犬独特的性格

　　松狮犬看上去憨态可掬，人见人爱。但松狮犬的性格很独特，它显得有点儿高傲，不像其他狗狗易亲近。它们很像猫，非常自我，独立、固执。它们不会特别取悦主人，亦不会任人摆布，做自己不喜欢的事。别以为它像毛茸茸的圆球，会让你感觉它很好抱，但它们不太喜欢被人逗着玩而通常都会令你失望。它对陌生人有戒心不会让人过于亲近，因此想逗松狮犬玩的人每每都会因此而失望。它们不喜欢与其他猫狗接触，特别是同性的犬只，它们会显得特别凶猛。

　　我行我素、独立、固执的性格，令它们在其他狗只中独树一帜。松狮犬性格聪明但不容易教，因为它们以自我为中心的性格不能用一般的驯狗手法。它们不会为体罚而妥协，它们的喜恶是随着自己的情绪，不理会别人或其他动物。它在幼犬时表现总是特别好，如果你被这一假象迷惑而忽略训练，那么当它们长为成犬时，它们的性格就难以驯服了。松狮犬并不是每一个人都喜欢和适合养的。如果你能容许它们的冷漠，如果你是一个既坚强固执又有许多时间与耐心的人，那么你可以作为松狮犬的主人。

注意血统纯正

　　在选购松狮犬时必须注意其血统纯正，这是保证犬只品质优秀的重要条件。只有其父母、祖父母犬均为纯种犬时，才能保证该犬遗传稳定，可能是一只品质优秀的纯种犬。按照规定，要确认纯种松狮犬一代一代繁殖下去而没有多大改变，标准已经固定的这种身份，通常要给这只纯种松狮犬

血统纯正的狗只品质更有保证

发放血统证明书。国外许多国家犬协都实行了这一规定,因此在国外引进松狮犬时一定要索要血统证明书。建立纯种犬登录制度,发放血统证明书,这是规范犬业健康有序发展的一种重要手段。对没有证明书的,一定要查清欲购进犬只的父母犬及以上几代犬只的品质,弄清血统渊源,遗传是否稳定,有无遗传性疾病等,以推断该犬的优劣。如果你想拥有一只赛级犬,但想购的小狗既没有证明书,又不清楚其父母犬及以上几代犬的情况,那么你所想购进的犬只在品质上很难得到保证,你最好放弃。

◆ 相关链接

繁殖专家通过长期研究,发现这样的一个比例:如果父母或是祖父母均不是冠军犬,犬只获冠军犬的机会只有8000:1;如果祖父母中有一只冠军犬,比例大约是6000:1;如果祖父母均是冠军犬,比例大约是4000:1;如果母亲是冠军犬,比例大约是200:1;如果父亲是冠军犬,比例大约是50:1;如果父母均是冠军犬,比例大约是25:1。

在一窝中进行挑选

一只 6~9 周的小松狮基本上就是它成年后的翻版,从一窝松狮犬中挑出一只最好的小仔,你可以作比较,作选择。无论你想挑选一只宠物级犬还是赛级犬,如果有机会从一窝众多小仔中挑选显然会容易得多。而且一只单独喂养的小仔是很难成长成为一只优秀狗狗的。如果想要一只小犬更好地成长,一只跟它年龄相仿的犬的陪伴和竞争是不可或缺的。小松狮犬的体形几乎每天都有变化,主要是因为毛发的生长而非身体结构的变化。在小时候即使是一个微小的缺陷,但在长大以后都有可能是一个灾难。

幼犬选购要点

假设这一窝小犬是肯定健康的。观察、挑选一只看起来最有前途的,让它在桌上站直。

牙齿和嘴 首先检查牙齿和嘴。牙齿是水平、剪状咬合的,上齿应该在下齿前方紧密地配合(覆盖)下齿,不得有空隙。很少看到松狮犬有歪曲的嘴,也就是说,颚部有角度,请仔细检查有无这种缺陷。嘴型有缺陷的都应淘汰,小犬嘴型不好的很少有越长越好,多半是越长越坏。

检查眼睛 在这个年龄段的眼型有很大的参考意义。即使是色泽很深的眼睛,如果眼形是大而圆的,也应淘汰。淘汰深凹的眼睛。三角眼是比较理想的。

鼻子 鼻子应是宽的,鼻孔应是黑色。

舌头 舌要蓝色,舌为红色或粉红色或有红色斑点,皆系混种,不能购入。然后检查色素沉着,淘汰所有舌头有色斑的。应该繁殖色素沉淀很好的小犬,在任何一个时期的淡化都是不可取的。

耳朵 成年期比较理想的耳朵大部分是直到约十周龄才竖起来的。挑选时让小犬面向你,头抬起,用手指放在耳朵中部,用点力轻轻地抬起耳朵,耳朵应该自然竖起(即使随继又垂下)。淘汰薄的、耳根高的、紧贴在一

选购是一个反复比较的过程

起的耳朵。

头骨 头骨应是平坦的,在与口鼻部交际处有轻微的转折。圆的头骨(有时候在眼睛上部形成一个肿块),会向口鼻部发展,在成年时使前脸变长。

颈部 颈部非常重要,淘汰那些看起来像是"插上去"的颈部,颈部应呈略微的弓形,与身体水平线成65°角,这样可以使松狮犬在运动中保持幽雅的姿态。

肩部 现在来看看肩部,它决定胸部的宽度。肩膀要成一个角度或是很好地倾斜,如果不是这样,会导致一个很不好的结果:竖立的肩部。这样检查前部:触摸肩胛的顶部,轻轻地放低颈部使肩胛更突出,在这个年龄段,肩胛间应有半英寸的间隔,这样在成年时会有一英寸半的间隔。如果间隔

不足，前部就会显窄。如果肩胛没有间隔，可以肯定将来前腿会成"罗圈"形。

腿部 腿部骨骼应该是圆而粗壮的，骨量好的小犬在幼犬期会有"有节的膝盖"，那是成年后骨量好的重要标志。淘汰很直而细的腿骨，虽然在这个时期看起来相当不错，但成年后多半不会很好。仔细检查前腿有无伸展趋势。如果脚趾呈角度伸出，多半是长成窄胸或是薄足的标志。即使在最幼年的时期，足部也应是圆而紧凑的。后腿应该像前肢一样直，从尾根部直到地面。很直的腿，如果像惠比特那样分开，也应淘汰。

尾根 尾根很重要，尾根跟后足的前部应成一线，尾根过低是不可取的，因其破坏了一只顶级犬的平衡。

检查其健康状况

为保证其具有良好的健康状况，须从以下几个方面进行检查，看是否符合条件：

检查其眼睛 健康犬眼睛富有神采，清洁，不流泪，无分泌物；两眼大小一致，相互对称，眼结膜呈粉红色。若眼角有分泌物，则可能患有结膜炎等症。

检查耳朵 松狮

犬耳朵虽小，但它周围被丰富的被毛覆盖，因此极易患耳病。耳道清洁，没有异味，耳朵内侧为粉红色者为健康松狮犬。耳尖不要有皮屑，以防有寄生虫。若经常侧头甩耳或耳朵内有异味，可能耳内有毛病。

检查口腔 健康犬嘴闭合完全，清洁、湿润，牙床及唇部为粉红色，不流涎，吐气无异臭。若口腔有臭味，则可能患有消化道、呼吸道、口腔炎等疾病。

检查其鼻子 健康犬鼻镜凉而湿润，无脓性鼻涕，不打喷嚏。若有脓性鼻涕或打喷嚏，则可能患有重度感冒并伴有炎症发生。

检查其尾部 健康犬肛门紧缩，周围清洁，粪便软硬适当。应特别注意犬的尾部下方，若有黄"印"，是最近患过腹泻或下痢的迹象，不宜购买；还要看看肛门是否有红肿或溃烂现象。

检查其皮肤 皮肤要柔软而有弹性,不能硬结、肥厚,要注意皮肤是否有虱、疥螨等寄生虫或其他皮肤病。有皮肤病或寄生虫的犬,在短期内一定忍耐不住,会用爪连续多次搔抓病变部位。你要看清楚它搔抓的部位有无红斑,再细致检查,就会发现皮肤是否有毛病。

检查其骨骼 用手触摸其头骨、上颌骨、下颌骨,再沿颈椎骨往后摸脊椎骨和四肢骨。应注意犬的骨骼,比如头骨有无变形,脊椎骨有无弯曲,颌骨有无裂痕,髋关节和膝关节有无脱臼等。

检查其四肢 让犬来回行走、跑动,观察四肢是否正常,看其运步和跑跳是否优美,有无跛行现象。

检查其性格气质

在鉴赏选购松狮犬时不要只注重外貌的漂亮,而忽视了其性格及内在的气质。其实一只优秀的松狮犬应是标准体形、健康体魄与王者气质的完美结合。

胆量检查 观察松狮犬的胆量要使用能引起它惊恐的手段,胆大的最初可能一惊,但并不躲避,而是采用一种警觉的姿势注视着发出声响的地

一只好的松狮犬也应具备好的气质

方，而胆小的犬可能逃跑甚至东躲西藏。

兴奋过程强度检查 比较简便的方法是观察松狮犬对威胁性音调口令的反应。兴奋过程强的犬不会被口令所抑制，而兴奋过程弱的犬却表现为极度的抑制，甚至停止活动。

抑制过程强度检查 让犬做一些限制其活动的动作或做某种单一动作，比如让犬坐着不动。抑制过程强的犬能够很快而

狗狗也要讲究"内外皆修"

且比较准确地完成，而抑制过程弱的犬，完成得就比较慢。但需注意的是松狮犬自主性强，不喜欢被抑制本来就是它的犬种特征。

神经过程灵活性检查 常是连续应用两个要求相反的口令，如"不许动"和"过来"，观察松狮犬从一种状态转变为另一种状态的速度。灵活性好的犬反应快，能迅速从一种状态转变为另一种状态，而灵活性差的犬则反应迟钝，不能立即按另一口令做出动作。松狮犬是一种性格较顽固的狗狗，不能用其他品种狗狗的转换速度与之相比。

依恋性检查 观察松狮犬依恋性强弱，可看其在主人出现时的表现。依恋性强的犬，见到主人总是表现出特殊的亲昵；而依恋性差的犬则反应淡漠。需注意的是，松狮犬对主人的依恋性较其他犬种弱一些。

情绪检查 选购松狮犬最要紧的是要看犬的气质、性情、情绪，一般可通过眼神判断犬的性情好坏。目光坚定、有神，性情往往较好。

犬舍的环境能反映出犬舍的管理水平

选购时必须了解的问题

◆ 观察犬舍环境

犬来自怎样的环境相当重要。如果你看到的犬场整洁明亮,犬舍有活动场地,每条犬都有人定时牵出犬舍到散放场活动和大小便,排便后马上有人清除,那么,这样犬一定不会愿意弄脏自己睡觉和生活的场所,到了新的主人家里,很容易教会它到室外或某个固定的地方排便。

如果是宠物店,犬多数是养在笼子里。同样,你要看犬笼是否经常保持清洁,犬大小便后是否马上有人清除。犬有没有人牵出去到户外活动,接受光照。要注意店里是否有不可忍受的臭气,除了不清洁的原因,更有可能是有病犬,病犬的臭味是一般的打扫清除不了的。

◆ 了解犬的食物

正规的、科学管理的犬场一定是以专用犬食喂犬的。犬食定时、定量、干喂,清水另外放置,既干净,又不浪费。所用的犬食,根据犬的生长和运动需求特别配制生产，营养成分全面，利于消化，犬也长得健康。如果你看到的是饭、粥加点菜和肉拌在一起给犬吃，这种食物，淀粉和脂肪含量太高，钙质和微量元素缺乏，犬多数会有不同程度的软骨病，毛和皮肤也不能健康生长。另外，由于制作和保存方面的原因，吃这种食物的犬，易患消化道疾病。

◆ 了解是否注射疫苗

注射疫苗是防止犬患病毒性传染病的唯一方法。不经疫苗接种的犬，一旦感染病毒，死亡率极高，即使侥幸存活，也会终生留下后遗症。出售的犬一定要有与其年龄相当的完整的疫苗记录。幼犬一般6周接受第1次疫苗注射，每隔3~4周重复1次，前后共3次，以后每年1次。狂犬疫苗必须3个月以上才可注射，1次即可，以后也是每年1次。所以，一条犬至少到14周才有可能已经完成幼犬期的疫苗注射。有的犬只年龄只有1个月多一点，但主人却说"疫苗已经全部打了"，这显然是不可能的。

如果使用疫苗，那么你要看他们用什么疫苗，是不是有效疫苗?疫苗在运输途中的保温措施至关重要。疫苗的保存温度一般在2~7℃，通常超出这个温度2小时就已失效。另外不同品牌的疫苗其免疫效果也有较大差异。

◆ 了解犬繁殖者的经营状况

购犬时，不要忘了注意繁殖者和出售者的谈吐和交谈内容。你要了解该犬舍的信誉，了解他们都取得哪些繁殖成果。在了解中，你要听繁殖者介绍是否详尽、客观;对于你的疑问是否耐心回答，是否具有足够的专业知识，是否有指导性的建议和知识性的介绍;问清楚他们的售后服务怎样，是否有技术指导,犬的质量怎么保证。如果这个犬场的工作人员令你感到诚实、专业、可信，你完全可以放心买他们的犬。

正确判断犬的年龄

一般情况下,成年犬的恒齿分布:门齿上下各6枚,犬齿上下各2枚,前臼齿上下各8枚,臼齿上颌为4枚,下颌为6枚,总计42枚。幼年犬的乳齿数量分布:门齿上下各6枚,犬齿上下各2枚,前臼齿上下各6枚,总计28枚。成犬的年龄在牙齿的生长、磨损、锐钝等方面看得最为明显,可以从犬齿的数量、力量大小、新旧、亮度等方面判断幼犬的年龄。

判断犬的年龄大小粗略依据以下标准:

20天左右牙齿逐渐参差不齐地长出来。

30~40天,乳门齿长齐。

2个月,乳齿全部长齐,尖细而呈嫩白色。

2~4个月,更换第一乳门齿。

5~6个月,更换第二、第三乳门齿及全部乳犬齿。

8个月以上,牙齿全部换上恒齿。

1岁,恒齿长齐、光洁、牢固,门齿上部有尖突。

1.5岁,下颌第一门齿尖峰磨灭。

2.5岁,下颌第二门齿尖峰磨灭。

3.5岁,上颌第一门齿尖峰磨灭。

4.5岁,上颌第二门齿尖峰磨灭。

5岁,下颌第三门齿尖峰轻微磨损,同时下颌第一、第二门齿磨呈矩形。

6岁,下颌第三门齿尖峰磨灭,犬齿钝圆。

松狮犬的饲养管理

松狮犬与人的关系十分密切,如管理不当,不但犬会患病,而且有可能会影响你的生活。因此,养犬不仅要有科学的饲养方法,还要有科学的管理知识……

松狮犬初入家门的准备

◆ 犬舍的准备

犬舍要选择比较清洁、干燥和背风的地方,经常注意打扫,不让污垢弄脏被毛,特别是天气暖和的季节,隔一段时间对犬舍做一次消毒工作。犬舍的大小要适中,以犬能自由进出为宜,一般只要犬站立时头仰起来不碰到顶,躺下时仍有一定空间就可以了。犬舍可在市场上购买不锈钢犬屋,或其他四周平滑光洁的木箱做犬屋,以避免挂伤松狮犬丰厚的被毛。犬舍底部铺上一块平整的木板或纸板,上面再铺上旧布、毯子等。

犬屋应放在地面干燥处,夏天要打开窗户,使犬舍通风、凉爽;寒冷季节则要及时关闭门窗,每天午间开窗通风,犬床加厚,注意保暖。

◆ 用具的准备

食具 喂犬的食盆和水盆要求坚固不易损坏,便于洗涤,底部较大,且底部要宽,边缘要厚,防止饮食时被打翻。犬吃食、饮水的用具最好是不锈钢、铝或塑料的,较厚的陶瓷盆亦可,但是最好不要用易碎的陶瓷制品和玻璃制品,防止碎后扎伤犬,也不要用易生锈的铁制品。

给犬一个舒适的"家"

玩具 目前宠物市场上犬的玩具种类很多,主要有各种咬胶及清洁骨、框架球、拉力器、不规则环、弹性球、咬绳等玩具,这些玩具可清洁口腔,磨牙齿,也可供人犬共同玩耍,有助于提高犬只的灵活性。

洁具 包括刷子、梳子、剪刀、电吹风、清洁剂等。刷子宜用稍长而硬度中等的毛刷。梳子以木梳为好,松狮犬被毛质地较粗,宜选用稀齿梳。剪刀用于剪犬的脚趾尖和被毛;清洁剂供犬洗澡用。此外,还要常备一些药用棉、纱布、消毒药、3%碘酊、紫药水及抗生素药膏等。

便具 室内养犬一定要有便盆,盆内可放上旧报纸或煤灰等,以便随时更换。便盆一般放在浴室或阳台,门一定要开着,让其自由地在此地方便。一旦决定入厕的地点后,在狗儿养成习惯之前,绝对不要任意移动。

松狮犬刚进门的特殊管理

若刚购进的松狮犬是幼仔,由于还不习惯新的环境,开始几天往往闷闷不乐,蜷缩在屋内一角。对此,在购买时最好向原主人索要带有母犬或它熟悉气味的小物件,并将其放在幼仔身边,这样它就能安心了。新犬到来,不能同它玩耍过度,让它过于兴奋。在前两周内,对新来的仔犬应细心照料,不要大声吓唬或粗暴地抓它,不要用手抓拎颈部、腰部皮肤或把它挟在

腋下，这样它会感到极不舒服。

在带回松狮犬时，应向原主人索要一份该犬的食谱，问清楚小狗每日吃些什么，吃几餐，分量多少等问题。在头1~3天内，由于情绪还未稳定，食欲还未完全正常，最好喂以与原饲主同样的饲料，用同样的方法饲喂。在1~2周内逐渐改变食物，让犬适应你的食物配方，防止突然改变食谱而引起犬消化不良。如果不清楚犬的饮食配方，可喂给少量狗食品或加热的肉馅等，应少吃多餐。开始时它可能不吃，但当其饥饿后也慢慢就吃了。

若你刚买进的是一只成犬，那么及时与该犬建立信赖关系则是你需要首先解决的问题。刚来时你不要大声斥责或随意惩罚它，以免对你有恐惧心理，产生不信任感。你可沿用原来的犬名叫它，这样它适应起来就更快些。若你想重新给它取个名字，则需要较长的时间它才会明白。每天在进食前叫它几声，这样一段时间后，主人呼它，它就能高兴地跑过来。逐渐熟悉后，它会舔你的手，这说明你与爱犬已经建立了良好的关系。

刚购进的松狮犬如未进行过疫苗预防接种或驱虫，应尽快进行预防接种和驱虫；如已注射过疫苗和驱虫，也应知道什么时候需要再次进行预防接种和驱虫。仔犬因体质尚在发育中，抵抗力较弱，应特别注意预防。

> **专家提示**
>
> **正确的抱幼犬方法**：应是一手托住狗仔的屁股，另一只手掌支撑其胸部，这样才感觉舒适。仔犬骨架尚未定型，平时在屋内走走或在室外晒太阳即可，不宜运动过度，以避免造成伤害。

满3个月的幼犬，最重要的是犬瘟热等混合疫苗的接种，及病毒性肠炎的疫苗接种(注射后3个星期内勿洗澡，避免疾病的发生)，接种疫苗前则应彻底驱除体内的寄生虫。

松狮犬的四季管理

◆ **春季管理要点**

春季是换毛的季节，在经过一冬之后，厚厚的长毛开始脱落。这时不论是人为梳理还是犬自己挠痒，都会有毛发脱落。特别是春节过后，每天都能看到家中地面上、犬舍里有一些掉下的毛，这是犬只的正常生理变化，脱去"冬装"以适应夏季的炎热。但如果掉得太多，以至于皮肤外露就属于皮肤病。对于脱落的毛发要每天梳理和清扫，避免脱落的毛黏在身上形成毛结。

春季尤其注意保持皮肤清洁。不洁的皮肤会发痒，犬就会用爪挠抓或摩擦身体来消除痒感，容易弄伤皮肤，引起细菌感染，不洁的皮肤也为寄生虫、真菌等的繁殖提供了场所，引起皮肤病。

春季也是发情的季节，应管理好发情的母犬，一是要防止偷配，尤其是纯种犬，以免造成仔犬退化和串种；二是要掌握好配种时机，防止出现漏配。对于不准备留种的母犬，可以考虑做节育手术。在母犬发情期，公犬为争夺配偶，有相互争斗现象，要防止咬伤，发现受伤要及时处理。

春季，微生物和寄生虫也开始活动和繁殖，传染病、寄生虫病也开始多发，此时，要及时进行驱虫和注射疫苗。

只有健康的狗狗才能接种疫苗。在注射疫苗前，一定要做临床体检，包括体温、呼吸、心跳次数、体表检查和病史询问等。主人带狗狗到医院注射疫苗时，医生如果不做检查就进行注射，有可能引起意外。有些狗狗表面上看起来健康，实际上身体已有潜伏的疾病，注射疫苗后，马上就会发病，严重甚至引起死亡。

在注射前体检中凡是体温较高或较虚弱的狗狗，都暂时不要进行疫苗注射，等身体恢复健壮或疾病完全康复后再注射。刚从市场上购买来的狗狗，有可能接触过其他患病的狗只，不能马上进行疫苗注射。可先注射预防血清，预防血清一般具有两周免疫力。两周以后，待身体比较健壮，又适应了新环境后，再进行预防注射。不到疫苗预防注射年龄的狗狗，不能进行疫苗预防注射。一般幼犬40日龄以上才能进行疫苗注射。注射疫苗后，由于免疫系统开始反应，可能会出现发烧、精神变差、食欲下降、嗜睡等现象，这些都是正常的反应，通常1~3天就会自行恢复。

◆ 夏季管理要点

松狮犬由于汗腺退化，且全身覆盖丰厚被毛，因此散热较困难，它们一般采用吐舌喘气的方式来散热。夏季气候炎热，空气湿闷，松狮犬在高温、闷湿的环境中，因体热散发困难，极易发生中暑。故犬舍要选择通风良好、比较阴凉的地方。避免犬在烈日下活动，一般应在早、晚外出散步。平时应

该给狗狗全天供水,而且每天换水,保持水的清洁。在夏天,最好给狗狗准备两个水盆,来保证充足饮水。出去遛狗时,别忘了给犬带水和水碗,因为在高温下运动后,犬需要大量饮水来散热和解渴。这时,主人一定要喂凉水,不能喂冰水,以免刺激肠胃。带它们外出的时间最好选在早晨或傍晚,

夏季选择早晚外出玩耍

因为这时温度较低,同时尽量让它们在阴凉处玩耍。成年犬的体内含60%的水,幼犬体内水的比例更高。水是犬的必需营养物质,当缺水20%,犬就有生命危险。

夏季,犬的饲料易发霉变质,容易导致犬发生食物中毒。因此,喂犬的食物最好是经加热处理后放凉的新鲜食物,饲喂给量要适当,不应有剩余。对已发霉变质的食物要坚决倒掉,因为变质的食物中可能含有细菌毒素,即使高温处理也不能将其破坏。犬吃了含有毒素的食物,很易引起食物中毒,如治疗不及时会引起犬死亡。因此,如发现喂食不久犬出现呕吐、腹泻、全身衰弱等症状时,应迅速请兽医诊治。

夏季是蚊、蝇、跳蚤、虱、蜱滋生繁殖的季节,故一定要做好防蚊、防蝇、

专家提示

犬因中暑的处置。当你发现狗狗张大嘴喘气,口边有白沫,走路失去平衡,意识模糊,身体显得虚弱时,很可能就是中暑了。这时应该尽快使它的体温降下来,可以用凉水冲淋犬的身体,或把它放到冷水浴盆里降温。如果犬严重脱水,倒地昏迷,这时狗一般已经不会自己喝水了,很容易出现生命危险。要送到兽医站输液迅速补充水分和用其他药物进行治疗。

灭虱、防蜱工作,以免蚊虫叮咬犬,影响犬休息和传染这类吸血昆虫可能带来的疟疾、附红细胞体病、巴贝西焦虫等病。

◆秋季管理要点

秋天,松狮犬体内代谢旺盛,食欲大增,采食量增加,夏毛开始脱落。秋天是新毛开始长出的换毛季节和第二个繁殖季节,其管理方法与春季管理有许多相似之处。

秋季饲料营养要丰富,饲喂量要增加,为过冬做好体质方面的储备工作。一入秋季,经过夏天蚊子媒介所感染的血丝虫病爆发,所以应及时加以观察。如发现犬在早晚散步遇冷空气时有剧烈持续的咳嗽,咳嗽后有流涎、吃食虽多却愈来愈消瘦、可视黏膜苍白等贫血症状时,有可能犬体内血丝虫病发作,应及时请兽医诊治。

深秋之际,昼夜温差大,要做好晚间犬舍的保温工作,以防感冒。

◆冬季管理要点

冬天天气虽寒冷,但对于松狮犬来说并不显得特别难过。不过在冬季松狮犬管理的重点仍应放在防寒保温、预防呼吸道疾病上。

冬天气温下降,犬易因受寒冷空气袭击,或因管理不当、不注意防寒保温,运动后被雨淋风吹以及犬舍潮湿等而引起感冒,严重的会继发气管炎、肺炎等呼吸

粗密的被毛让松狮犬足以应对寒冬

道疾病。因此,加强防寒保温,加厚垫褥,并及时更换,保持干燥,防止冷风等措施十分必要。在天晴日暖时,加强户外运动,以增加体质,提高抗病能力。晒太阳不仅可以取暖,阳光中的紫外线还有杀菌消毒的功效,并能促进钙质的吸收,有利于骨骼的生长发育,防止仔犬发生佝偻病。

松狮犬的营养管理

◆ 松狮犬的营养标准

对于松狮犬来说,蛋白质、脂肪、碳水化合物这三大营养物质是最重要的,维生素、矿物质对犬的健康也不可或缺。然而同样是这些物质,它们所需要的数量与我们人却大不相同,营养物质摄入过多或过少都会给身体健康带来影响,这又和人相似,因此我们应该对此有足够的了解。

松狮犬对蛋白质的需求量,约为人类的4倍;相反,松狮犬对于脂肪的需求量就比人少得多。当摄入脂肪不足时,常表现为体重减轻,毛色缺乏光泽等;而脂肪摄取过量,则容易造成肥胖。

碳水化合物也是热量的重要来源,但如果摄取的脂肪和蛋白质已经可以满足需要,所需要的碳水化合物就不多,况且摄入碳水化合物过多也是造成肥胖的一个重要原因。

维生素对生长发育的平衡起着不可替代的作用,但是松狮犬可以自己在体内合成维生素C,我们应注意给其补充维生素A、维生素B族、维生素

D和维生素E。应多喂食含这几类维生素的食品。

市售的专用犬粮中已配有适量的各种维生素,所以喂专用犬粮可不必担心维生素缺乏。从松狮犬的健康着想,给它服用维生素应该慎重。比如维生素D,若摄取不足或过量摄取,对犬的健康都会造成不良影响。

另外,钙、磷、钾、钠等矿物质可以促使犬的机体更具有活力。上述矿物质中钙对形成骨骼具有不可替代的作用,因此必须保证均衡摄入矿物质,尤其不能缺钙,否则易患软骨症,不能构成方正的体躯结构。

◆ 饲喂专用犬粮

专用犬粮是按照犬的营养要求,专为犬研制的全营养食品,专用犬粮分硬型专用犬粮、中软型专用犬粮、软型专用犬粮三种,因此每天喂专用狗粮并无害处。

如果采用专用犬粮喂养,最好是从幼犬开始,因为犬的特性是:从小吃惯的味道印象最深,也觉得最好吃。犬的许多习惯在幼犬时就已经形成了。

刚开始可以买几种专用狗粮试着喂,然后从中选定它比较喜欢的1~2种,作为它的固定食谱,如没有特殊情况,一般不要轻易改变。

有人误以为每天光喂一两种犬粮,就算是再理想的配方狗也会吃腻

应保证均衡的营养供给

的,于是他们轻率地自作主张,更换犬粮种类,以为丰富了狗的餐桌。但是要知道犬和人不同,并没有想吃这想吃那的欲望,只要它爱吃,身体上也没有什么毛病,就应该坚持喂它吃惯了的东西。

硬型专用狗粮的水分含量在10%以下,大多呈固体块状,所含营养成分较丰富,经济性也较好,属于最普通的一种类型。中软型专用狗粮也称为半熟型狗粮,含水量约30%,因为较软,适合于幼犬和老犬食用。软型狗粮中水分占70%以上,是用肉、鱼加工成肉糜状,俗称美食型专用狗粮,做成罐头,可以长期保存。

专用犬粮营养搭配更合理

◆ **松狮犬的日粮配制**

犬在一昼夜内所采食的各种饲料的总量叫日粮。配制日粮时必须根据松狮犬的营养需要和各种饲料的营养成分,将各种饲料按一定比例混合在一起,使日粮营养全面、适口性好、饲喂方便。配制日粮应注意下述几方面:

营养全面 根据犬的生长情况,对营养的需要和消化生理特点,以及各种饲料的营养成分合理搭配,分别取舍。先考虑满足蛋白质、脂肪、碳水化合物的需要,然后适当补充维生素和矿物质。

考虑食物的消化率 吃进体内的食物不等于全部被消化吸收利用。如植物性蛋白质的消化率为80%,有20%是不能利用的。因此日粮中的各种营养物质含量应高于犬所需要的量。

讲究卫生 饲料要新鲜、清洁、易于消化,发霉变质的饲料不能用。

适当的加工处理 各种饲料在饲喂前要经过一定的加工处理,以增加饲料的适口性,提高犬的食欲和饲料消化率,防止有害物质对犬的危害。

> **特别提示**
>
> **不宜喂松狮犬的东西**
>
> 不宜喂生肉、鱼、虾、蟹等，吃了容易引起消化不良。
> 不宜喂鸡骨，鸡骨咬碎后容易变成小片划伤胃肠。
> 鸡腿、鸡胸肉等含有丰富蛋白质，但缺点是含磷过多。
> 胡椒、辣椒、花椒、生姜等刺激性食品会影响嗅觉灵敏度。
> 不能喂它吃的还有洋葱头，洋葱头吃多了容易引起中毒。
> 甜食极容易导致肥胖，也易造成钙的吸收不足和龋齿病。
> 喂含维生素C的新鲜蔬菜和水果，容易引起消化不良。

日粮配制是否合理，一般可根据松狮犬的体重变化和膘度来判断。膘度中等，体重稳定，食欲、繁殖、物质代谢、健康状况良好，证明日粮全价；如果犬消瘦，则说明日粮欠佳；如果犬过肥，说明日粮过多，应减量。此外，犬的食欲也是衡量日粮配制是否合理的重要指标。犬食欲恶化常是物质代谢失常的前兆，说明日粮配制不当或饲养上有欠缺。如果犬拒食，应检查日粮中饲料的质量及有无霉烂变质等现象。

◆ 掌握科学的喂食方法

定时 定时饲喂可使松狮犬每到喂食时间其胃液分泌和胃肠蠕动就有规律地加强，这对犬的食欲、采食和消化吸收都大有好处，不易患消化道疾病。如果不定时饲喂，随时、随地、随手乱投食物给犬，破坏犬的这一生理规律，不但会影响犬的采食和消化吸收，还容易使犬患消化道疾病。一般情况下，每天早晚各喂一次比较合适。依据犬的习性，晚上可多喂一些。

定量 定量是指每天饲喂的饲料量要相对稳定，不可时多时少，防止吃不饱或暴饮暴食。但要注意松狮犬不同生长期的食量可能有很大的差异，这要靠饲养者自己的观察来确定。爱犬吃食时，如狼吞虎咽很快吃完，并还在舔食盆，表示还未吃饱；如少吃或不吃，则应查明原因，采取措施。

定点 犬有在固定地点睡觉、采食、进食的习惯。因此喂食的地点要相对固定，以防止犬因更换饲喂场所可能引起的拒食或食欲下降。每只犬应固定一个食盆，不要串换，防止犬争食和传播某些疾病。

食物温度 进食的最佳温度为40℃左右,过热过冷对犬都不利。但炎热的夏季可给冷食,冬季则必须加温。食物超过50℃,松狮犬可能拒食。

饮食卫生 饲料最好现制现吃,不过夜,霉变、腐烂、变质的饲料不能喂犬。喂食前后不宜让犬进行剧烈运动。犬的食具应定期消毒。饮水要清洁,以防止疾病的发生。

◆ 过胖松狮犬的营养搭配

不是特别爱运动的松狮犬很容易患肥胖症。肥胖的松狮犬皮下都是脂肪,肌肉与肌肉之间,腹腔内的胃和肠管都有脂肪沉积着,尤其是肠系膜附着大量的脂肪,甚至连心脏和肝脏等周围都有厚厚的脂肪。这样一来,内脏器官就无法活动,当然寿命也就不长了。据资料统计表明,在肥胖的犬中,松狮犬占16%,其他犬占8%。那么,肥胖的松狮犬应该如何来减肥呢?首先,要有一定的时间,带它去运动。其次,每天在固定的时间内给它喂定量的食物,不可给它多吃。再次给犬吃低热量、低脂肪的食物,最好是给它吃

鸡肉混入蔬菜。例如一餐的菜，可以是 2 块鸡胸、2 片卷心菜。煮时加一些盐。煮熟后切碎、拌匀，喂给它吃。早晚各喂 1 次。水需 24 小时供应。除此之外，不要再喂任何其他东西。

松狮犬的成长管理

◆ 新生仔犬的饲养

仔犬一生出来立刻会吸奶。应让仔犬躺在母犬身边，以便吮乳。如果一胎生仔较多，应将体质较弱、瘦小的仔犬放到后两对奶头上吮乳，反复数次后，每只仔犬就会有固定的奶头。要让新生仔犬吃到足够的初乳，初乳中各种营养物几乎可全部吸收，这对增强仔犬体质，产生热量维持体温极为有利。更值得一提的是，初乳中含有母犬的多种抗体（母源抗体），使仔犬获得抗病能力，因此，应尽早（0.5～1 小时内）让新生仔犬吃到初乳。要加强对仔犬的监护，防止因母犬挤压、踩踏、遗弃和饥饿（奶水少不让仔犬吃食）而造成仔犬死亡。有的仔犬刚生下来就不会呼吸及叫唤，即出现假死现象，此时可将头部向下，左右摇摆犬体，用吸球吸出仔犬鼻内的羊水，用酒精棉球擦拭鼻孔黏膜及全身，并轻轻地有节律地按压胸壁，通常用人工呼吸持续 3～4 分钟后，将仔犬放入 39℃温水中，洗去身上的秽物，再用毛巾擦干，放入保温箱即可。

◆ 幼龄犬的饲养

幼龄时期是犬生长发育的主要阶段，身体增长迅速，因而必须供给充足的营养。一般出生后头 3 个月主要是增长躯体和体重，4～6 个月主要是增加体长，7 个月后主要长体高。因此，应按不同的发育

应让新生仔犬都能吸到乳汁

阶段，配制不同的日粮。断奶后的幼犬，由于生活条件的突然改变，往往显得不安，食欲不振，容易生病，这时所选的饲料要适口性好，易于消化。3个月内的幼犬每天至少喂4次。对于食欲差的犬可采用先喂次的，后喂好的，少添勤喂的方法。先次后好可保持犬的食欲旺盛，少添勤喂可使犬总有不饱之感，不至于厌倦、挑食。4～6月龄的幼犬，食量增大，体重增加很快，每日所需饲料量也随之增多，每天至少喂3次。6月龄后的犬，每天喂2次即可。新购幼犬的食谱，应先按原犬主的食谱喂，逐渐转换。对3个月以内的幼犬应喂以稀饭、牛奶或豆浆并加入适量切碎的鱼、肉类以及切碎煮熟的青菜。为了降低饲料成本而又不影响幼犬的营养，可将猪、牛肺脏之类的脏器煮熟切碎后，与青菜、玉米面等熟食混匀后喂犬，这样既经济，犬又爱吃。不宜给犬类全部喂以肉食，以免因消化不良，难以吸收而使多数犬发生腹泻。幼犬的饲养中，水是绝对不可少的东西，应经常放一盆清水于固定的场所，以便它在吃食及运动前后任意饮用。尤其在夏秋季节，最好在每次日常运动后让犬喝些葡萄糖水（1～2汤匙葡萄糖粉，加入适量的清洁水），幼犬的饲料中应补充钙粉和维生素，这对牙齿和骨骼的生长都是必需的。通常1岁以下的幼犬，每日补钙粉的量为每2千克体重约需1茶匙，随着年龄的增长，应按比例增加。至1岁后，由于犬已进入成熟期，钙粉的需要量相对减少，其用量为每4.5千克体重，每日约需1茶匙即够。另外，每日应有适量的室外运动，经过紫外线的照射，以便于钙质的吸收。不过，钙粉喂量过多反而有害无益。另外，由于幼犬胃肠道尚在发育过程中，更应注意卫生，以防发生胃肠病。

◆ 成犬的饲养

若你选购的松狮犬超过1岁,则属于成年犬了。

超过1岁的犬,喂食次数应改为1天1次。这时松狮犬的体格已经长得和成犬差不多,胃容量也增大了,一次吃下的食物足够提供全天所需的能量。为了保持犬的健康,喂食的原则是让它吃八分饱即可。那么怎样测算松狮犬供食量呢?这可以观察犬在3~4天内的食量,再加以平均,就可以算出平均每天的供食量,再按这个量稍稍减一点,让它吃光后还想再吃点,这差不多就是所谓"八分饱"了。如果每天都让它吃饱,很容易造成肥胖。

喂食时间可选在早晨或傍晚,最好是散步回来排完便、梳过毛、收拾整理完毕后再喂,以使它每天生活都有规律。刚长大的成犬活泼好动,体能消耗大,因此必须注意提供营养丰富、高热量的食物。成年松狮犬每天的饲料中,应有300克左右肉类和等量的麦片、饼干等素料。肉应煮熟、切碎,与熟干素料加少量水调和后喂饲。肉类要求新鲜,制作环节要注意清洁卫生。每天供给干净的饮用水1~2次。

为了防止它长得过胖,除正餐以外,尽量不要再喂其他食物。不过为了使它的牙齿、骨骼和颚部长得更结实,偶尔可以给它些含钙高的牛骨或猪骨啃啃。骨头吃得太多也不好,一星期给它两次就够了。

虽然每只犬寿命不完全一样,但通常可以把松狮犬2~7岁时称为活跃期,也是它的重要繁殖期,而8~9岁以后就已经相当于人的中年了。

9岁以后它将慢慢失去活力，逐渐出现老年犬的特征。步入老年期的犬新陈代谢已经日渐衰退，消耗的热量也减少了，健康问题必须提到日程上来了。这段时期可以喂它一些蛋白含量低、脂肪含量少的食物。

松狮犬的运动管理

适宜的运动是保持犬体健康的要诀。适量的运动不仅能促进正常的生长发育，而且能使其精神活泼、身体强健。如果运动量不足，则易造成血液循环不良、厌食、精神萎靡不振，免疫力降低，从而引起某些疾病。因此无论幼犬、成犬或老年犬，到外界活动都非常重要。

外出散步不但可以锻炼身体，强健体魄，阳光中的紫外线还能够杀死犬身上的细菌和寄生虫。

爱犬的主人应该坚持每天早晚各一次带犬出门散步。刚开始散步的犬胆子很小，总喜欢贴在主人的左侧走，这时候要迁就它，走慢一点。到空旷的草地或花园让它尽情撒欢。运动中还要注意避免让它接近不了解的犬，以防传染疾病和寄生虫。每次散步要掌握一定的时间，时间太长容易让犬玩野了，不好教育。松狮犬需40分钟运动即可。

松狮犬的训练

松狮犬本性固执,但在幼犬期通过系统的训练还是能让你的爱犬显得很有教养……

训练的基本方法

诱导 诱导就是在训练中利用食物、物品、自身行为等,诱导犬做出某些动作,借以建立条件反射的一种手段。此法能引起犬的食欲兴奋,尤其是犬爱吃的食物,犬就比较容易兴奋,从而积极参加训练,能较快地学会动作。

强迫 强迫是使用机械刺激和威胁音调的口令,迫使犬准确地做出动作。强迫的方法主要用于每一个训练科目的初期,即为了加强形成条件反射,在初期使用,或在外界诱因的影响下,预定科目进行不下去时使用。

禁止 这是为了制止犬的不良行为而采取的一种手段。它是用威胁音调发出"非"的口令,同时与强有力的机械刺激相结合使用。

奖励 奖励是为了强化犬的正确动作,巩固已培养成的能力,调整犬的神经状态而采取的一种手段。奖励的方法有给食、抚摸、准予散游和表扬(发出"好"的口令)等。

训练的基本要领

每天坚持训练 对松狮犬进行训练最重要的是必须坚持不懈,每天不必安排太多时间,要不急不躁地逐步进行。如果对一项训练安排的时间过长,犬也会觉得厌烦,而不会太专注学习。

训练从3个月就可开始了

表扬为主斥责为辅 应当更多地进行表扬和鼓励，并把其当做训练教育中的基本原则。叱骂过多会使犬变得迟钝。

褒奖斥责及时进行 当狗做了错事时，须及时训斥，如果过了这一阵再斥责，它就已经记不起自己是因为什么事挨批评。奖赏它时也是如此。

声音与手势配合 基本口令应短促、易分辨，一旦选定应统一。与此相对应的则是用手势明确无误地显示主人的态度。

训练态度要统一 所有的家庭成员在对它的教育训练上应采用统一的口径。全家人必须统一掌握在什么情况下斥责它，什么时候褒奖它。同一件事，如果有人态度暧昧，有人却出来斥责，它就会很迷惑，搞不清这件事到底是对还是错。

训练就是逐渐建立条件反射的过程

幼犬的最佳训练期

训练的最理想时期是从幼犬出生后 70 天左右开始。这个阶段，幼犬尚未染上任何恶习，而且力量比较弱小，这对饲养者来说就比较省力。

狗狗一岁前最易训练。一岁后训练的话，就要花上一定的体力，而且要有一定的耐心。例如，要牵住一条重 9 千克左右的狗，不让它向前乱跑，不随地大小便等等，矫正就比较吃力了。在幼犬时期，如要纠正得花上 2 个月的话，那么纠正成年狗则要花上更长的时间。但不要认为，狗已经长大了，不能再训练了，只是要花上更多的体力和更大的耐心。

如果以前没有花更多时间来照料或放任自由惯了的狗，已经染上了恶

习,则要花上2倍、3倍甚至更长的时间,但无论如何对自家的狗应抱有信心,经过训练一定能调教好。

狗的训练可分为两大阶段:首先,从到家之日起就开始训练,例如固定睡觉,排便地方等;其次,服从训练,一般在出生后70天开始,例如坐下,站起来等。

松狮犬的社交培养

因为有些松狮犬喜欢独立,有些松狮犬愿意将他自己隶属于一个人或一个家庭,所以应该对它们进行"社交"培养以便能够与陌生人相处。社交是一个过程,在这个过程中,要教小松狮犬喜欢人、喜欢其他的狗,以坚定、沉着甚至亲切的态度对待与自己家不同的环境和其他陌生情况。

A.尽量在小松狮犬很小时收养它,特别当心不要由于仅用手环抱着它而将它掉在地上;应把它舒服的靠在你的胸前保护它,防止跌到地上。

B.一旦你收养小松狮犬,就应该宠爱它,与它静静地讲话。小松狮犬也许在开始时会哭或哀鸣,但当它渐渐习惯了你的手和声音后,它会慢慢地喜欢这种感觉。

C.把它放在一个稳固的桌子上(牌桌或修饰台),这样它会习惯在台子上进行修饰。

D.当陌生人来访时,把小松狮犬抱到来访者面前,小松狮犬应喜欢任何其他的人抱它,而不应只有你或你的家人才能抱它。

E.教小孩子们正确抱小松狮犬,当他们坐在草地或地板上时允许他们抱小松狮犬。当然在小孩和你的小松狮犬玩耍时,你必须一直在旁边。

F.鼓励你的小松狮犬尽情玩耍,每天尽可能多抱它。

G.使小松狮犬渐渐习惯各种不同的杂音:如电视和收音机。

H.当你的小松狮犬两个月大时,而且它已打过第一次疫苗,可以带它出去，不管什么时候遇到人，如果它愿意，都应该让陌生人抱一下小松狮。

I. 即使小松狮犬在家感觉非常乖，甚至对生人也非常友好，但当你带它到超市的停车场，去公园或一个新环境时，它也可能感觉害怕。经常带它到它以前没有去过的地方以使它真正能够适应新环境。当小松狮犬的尾巴耷拉下来，那是一个明确的信号，它感觉不舒服。一只高兴、很社会化的小松狮犬的尾巴是朝上的。

J. 尽可能多地把你的小松狮犬介绍给陌生人。请陌生人蹲到地上或地板上，蹲下到小松狮犬的高度，先摸小松狮犬下巴底下，并宠爱和抚摸它的脖子；不要让陌生人的手在狗的头上快速向下，许多小狗都不喜欢这个动作。抚摸完脖子和下巴后，陌生人可以抚摸它的头顶。

K. 当你的小松狮犬3个月大并打完所有的疫苗针时，可带它参加比

赛。这样它有机会看到其他的小狗、大狗和许多人,对这样一个全新的环境,它应该表现得非常自信和高兴。如果它害羞,远离人群和其他小狗,不要斥责它而应使它恢复信心。如果在家曾在桌子上训练过它,你可以把它放在一个修饰台上,来接受赛场的陌生人抚摸和问候。

经过适当"社交活动"的松狮犬都是欢快的、具有较好心理平衡的。任何松狮犬都应该能与陌生人相处,而不应该发生不愉快的事情。只要你按照正确的方式对它进行社会化的训练,一定会使它成为一只快乐的松狮犬,而你自己则是一位快乐的主人。

训练的基本内容

◆良好进食习惯训练

在饮食方面,除了定时、定量、定地点饲喂以外,可以额外给犬以特定刺激,以增进其食欲。比如每次添食之前,先喊两声犬的名字,持之以恒,则有利于爱犬进入就餐的预备过程,使其消化系统进入兴奋状态,唾液分泌增加,这样,进食就会很顺利,而且能每次把定量吃光。

在爱犬进食之前,可以对它稍加控制,让爱犬以口令为准开始饮食,在口令未下的时候,爱犬眼巴巴地望着食盆,这个时间控制要尽量缩短,否则容易影响其食欲,这种练习可以使它养成不随便抢食的习惯。

由于主人的过度宠爱,松狮犬易形成挑食的坏习惯。偏食对它的生长发育不利,易患各种营养缺乏的功能性障碍。因此对这种挑食的犬,如果吃了半个小时还没有吃完,应立即将食物拿走,其间即使再饿也不喂以食物,这样它连续几天尝过挑食会挨饿的滋味后,自然会把食具中的食物吃完。

◆排便训练

松狮犬是比较爱清洁的动物,在室内应在卫生间或阳台固定一处放

> **特别提示**
>
> 有时候，小犬因为过度兴奋、惊慌，或生病了，会有随地大小便的情况。这时候必须弄清楚原因，加以耐心地纠正与治疗。幼犬的消化吸收快，排泄得又快又多，这不必担心，那是排泄器官的肌肉控制还不成熟的缘故。

置便盆，上面可撒上煤渣、铺上报纸等，当它确认了上厕所的地方后，每次都会很固定地在那里方便。第一次让犬到正确的地方上厕所时，一定要耐心。如发现犬有便溺的迹象，应立即把它带到该去的地方。当犬做对之后应表扬赞许它；如果它已在不正确的地方便溺，应立即严厉呵斥，用比较尖锐的声音批评它，一般2~3次便可见效。

如果它排错了地方，要当场按住它的鼻子，拍它的屁股说"不可以"，并立刻将地面清洗干净消毒，喷上除臭的芳香剂，甚至撒上胡椒粉之类，尽可能盖住臭味，免得犬寻着这味道，一犯再犯。

◆ **制止狂吠训练**

当你的爱犬面对陌生人，其他狗只或异常响动时爱大声吠叫，这时必须对这种行为予以坚决制止。在训练松狮犬不要狂吠时，必须用坚定的语气配合手的动作。当它在家中听到门外有人活动就吠叫时，应立即用手握紧犬的嘴，同时用十分肯定的语气，摇头怒斥"不行"。经过数次训练之后，它就会明白这种狂吠是不对的，从而改掉这一劣习。

训练应循序渐进

◆ 随行训练

随行训练是让它根据你的指挥,靠近你的左侧并排前进,并保持在行进中不超前、不落后的正确姿势。训练时,先在清静平和的环境令犬散游一会儿,用左手拉住牵引带,唤犬名引起犬的注意,在发出口令"靠"的同时,用左手把牵引带向前拉,以较快的步伐前进,每次行走 50 米左右。当犬出现超前或落后时,立即发出"靠"的口令给予纠正,并拉牵引带一次,给犬以刺激。为了形成犬对手势条件的反射,可用右手拉着牵引带,并放长些,当犬一旦脱离正确位置时,在发出"靠"的口令的同时,用左手拍一下自己的左大腿,这样反复多次训练,即可形成条件反射。当犬能不用牵引带而根据口令正确地随行时,可进行变换速度、方向的训练及较复杂环境中的训练。当犬受到新奇刺激不执行口令时,即向它发出威胁音调的口令,并配合以猛拉牵引带的刺激来纠正。

◆ 前来训练

前来是松狮犬能根据你的手势和口令,顺从地来到你左侧坐下的能力。训练时,先唤犬名以引起犬的注意,然后发出口令"来",右手做来的手势,左手向左侧平伸,随即自然放下,同时左手拉训练绳并向后退,以使犬前来。当犬来到你面前时,应及时奖励。这样经过多次训练,犬即可按口令前来。

但应注意,有的犬往往听到口令或看到手势而不来,此时主人一定要耐心,想法采取一切足以使犬兴奋的动作,如后退、拍手和向相反方向急跑等,促使犬前来,切不能用突然的动作去抓犬或追捉,否则会使犬受到影响。有的犬受到新奇刺激后,不但不来,反而到处乱跑。此时应抓住训练绳,并用威胁的口令,右手做前来的姿势,令犬前来,当犬来到身边时,应及时奖励。

◆ 坐下训练

训练时犬主用左手握住牵引带,将犬引导至自己对面,让犬站在主人左侧,接着发出口令"坐",同时用右手上提牵引带,左手按压犬的腰部,迫使犬坐下,当犬坐下后,立即给予奖励。通过反复训练后,犬就能做好坐下的动作。

训练初期只要犬能在5~10秒钟内坐着不动,就应立即奖励,以后逐渐延长时间,采取边巩固边提高的办法,达到3~5分钟。在培养坐姿延时的同时,要逐渐延长与犬主的距离,直至离犬20米以外隐藏起来仍能坐着不动。

障碍赛训练

障碍赛 1978 年诞生于英国，近年来，在国内也很受欢迎。参赛的犬种没有限制，但会将所有的参赛狗分为身高 40 厘米以上的标准组和 40 厘米以下的迷你组。在各组中，再根据经验分为初级到高级等不同的等级。

评分采取减分法，比赛能够多快，多正确的完成项目（障碍）。在 20 米×40 米的竞技会场中，至少会设置 10～20 个障碍，每个障碍间隔约 7 米，犬只依次通过各个障碍。人可以陪在狗旁边发出指示，但不可以触狗，自己可以陪同跨跃障碍或是手上拿道具。当搞错顺序，从反方向跨跃障碍物，狗不想做而拒绝（3 次），或是排便时，就立刻失去参赛资格。除了饲主可以陪在狗旁边，也可以请专业的指导手代为参赛。

◆ 跳跃栅栏架

栅栏架宽为 120 厘米，高为 75 厘米。跳跃的动作要领是：让犬站在栅栏架的一边，然后指挥犬跳过栅栏架，犬跳过去以后仍要保持站立的位置。你再走到犬身边，将犬牵走。口令是："跳"。

训练时应首先令犬侧坐，给犬系上训练绳。栅栏架的高度一开始训练一般以 0.3 米高为宜。开始训练时，你要与犬一起跳过去。一般是你先跳，同时下口令"跳"，再牵引犬跳过去。接近木架时的速度不要太快，否则，在越过障碍前犬就冲上去而容易自己碰伤自己。犬通过障碍后要很好地给予奖励。过一会儿，再重复此项训练。对此科目，犬在初期极易疲劳。因此，你有必要在犬跳跃 4～5 次以后休息一下。每天要进行训练，以增强犬的体质。

当犬毫无困难地越过较低的栅栏时，就可以增加栅栏架的高度了。持牵引带的方式以不妨碍犬的前进为准，因此不要抓得太紧。当犬越过栅栏以后不要忘记奖励。在犬跳过栅栏架以后要令犬站在原地，立好，等待走。当犬能较容易地跳过栅栏，牵引带就可以去掉了。但是不要毫无把握地过早地摘除，摘除牵引带的训练要在你确实有把握时再干。必须记住：在犬跳越栅栏前要下口令"跳"，犬跳过去以后，须令犬站立在原地，然后你前去系上牵引带，引犬随行离开，这才完成了这个训练。

◆ 跨越长跳板

长跳板这种器材是由四五块跳跃组合板的木材排列，中间有空隙，宽为 120 厘米，距离为 120～150 厘米。动作要领：犬将以穿越的方式从上面跳过去。与前一个课目一样犬从上面跨过去以后，须站立在原地。口令是"过"，训练开始时，引犬来到长跳板前站定，令犬或引导跳越。当你与犬一起通过或令犬通过时，你不能跨在第一个长跳板上。当犬跳过去以后，仍须保持站立，你走上前去，引犬随行下，结束训练。

训练开始时应给犬系上训练绳，跳越的距离不应过长（长跳板的件数少一些），其长度依犬的年龄与体力而定。对于松狮犬供跳跃的长跳板排列以 0.60 米为宜，长跳板的高度也可以在 0.2～0.3 米之间。

当你领犬来到障碍跟前，下令"过"，同时鼓励犬跳越。一定要使牵引带完全松弛，如太紧会妨碍犬前进，也会使犬跳不到长跳板的那边。若犬跳得很顺利，要给予充分奖励。然后令犬站在障碍的那边，过一会儿，上前让犬侧靠。随着训练的继续，逐渐地增加长跳板的数目，直到估计到快要失败为止。对于犬能跳越的实际距离可凭你的直感而定。

当你用牵引带引导犬顺利跳越时，可以摘去牵引带，重新投入训练。

犬摘掉牵引带不费力地穿越长跳板群，你就可在长跳板的侧面跳同时令犬跳。无论你带犬跳还是引犬向前跳，你都必须在犬跳过去以后，以随行的方式离开。以熟练的有规律的方法训练，以及在训练中要有必要的控制，在所有的训练中都是相当重要的。

通常犬能借助于弹跳力越过长跳板，但如果碰一下其中一个跳板，就表明犬跳得不是足够高。出现这种情况，你可以提高长跳板中间的一个跳板的高度。这不仅可以提高犬跳跃的高度，而且可以延长犬穿越的长度。

在犬疲劳和厌倦之前就应中止训练，一般在进行四至五次穿越以后，就应中止训练或改训其他的课目。

◆ 穿越管道训练

管道为硬隧道和软隧道两种。

硬隧道　穿过由塑胶制成的，可以自由伸缩的蛇腹状筒中。练习时，可先从较短的隧道开始练习。硬隧道直径 60 厘米，长 360 厘米。

软隧道　入口处是固定形状，之后是柔软材质制成，因此垂在地面，无法看见出口。练习时，人可以将出口处撑开。软隧道全长 390 厘米，高 60 厘米。

首先牵犬到距离管道 2 米处，令犬坐下，而后犬主走到管道的背面，将训练绳的一端通过管道拿在手中，唤犬前来或以食物和物品加以诱导，当犬跑到管道跟前，即发出"钻"的口令，同时收拉训练绳。犬如能穿越而过就及时加以奖励。这样反复训练几次，就可单独使用口令和手势指挥犬穿越。在训练时须注意：一是在使用强迫手段进行训练时，为尽快消除犬对障碍物的被动防御反应，每完成一个动作，即应对犬充分奖励；二是在同一训练时间内，次数不宜过多，顺利通过即可结束；三是绝食后不能进行训练；四是训练中应注意安全和加强保护措施，以防止事故发生。

◆ 其他穿越障碍训练

障碍的其他穿越训练与上面几种障碍穿越训练大致相同。

板壁 将呈 90°角的两块大木板竖起地面，形成三角形，使狗上、下板。练习时，可以从坡度较小的板壁开始练习。两块木板都在距离地面 106 厘米的部分涂上红色，在上下坡时，如果没有踩到该接触点，就会被扣分。板壁宽 115 厘米，长 270~320 厘米，高 170~190 厘米。

蛇行道 在排成一列的栏杆之间蛇行。栏杆的高度为 100 厘米，间隔 50~65 厘米，根数为 8、10、12 根。

步道桥 将三块狭窄的木板组合成步道桥，使狗在上面走过，桥上也有接触点。板高 120~135 厘米，长 360~420 厘米。

轮胎 用四个螺丝将轮胎固定，狗必须跳跃穿过轮胎中间。轮胎直径 38~60 厘米。

跷跷板 站在跷跷板的一端，从另一端走下来，有接触点。板宽 30~40 厘米，高 60~70 厘米，长 365~425 厘米。

松狮犬的美容

松狮被毛浓厚,需经常梳理,但不需要进行全身特别的修剪……

松狮犬的毛发特点

松狮犬是有着双层体毛的犬种。有两种类型的被毛：粗毛和短毛，但两者都应有双层被毛。

粗毛 如果是粗被毛，被毛丰富，浓密，平直，不突出，毛层紧贴身体。表面毛杂乱；底毛柔软，浓密，类似于羊毛。小犬的被毛柔软，浓密，全身的毛都类似羊毛。被毛在头和脖子周围形成了一圈浓密的流苏般的鬃毛，衬托着松狮的头。公犬的被毛和流苏一般都比母犬长。尾部的毛为羽状。明显的修饰是不能接受的，可以修剪胡子、脚以及后跗骨部分。

短毛 除了外层被毛的数量和分布以外，短毛松狮的判定标准与粗毛松狮基本相同。短毛松狮有一身硬质、浓密、光滑的外层被毛，以及界限分明的内层被毛。腿上和尾巴上不能有明显的流苏状或羽毛状的毛。

毛质和毛量 松狮犬毛质的好坏和毛量的多少与血统和先天条件有着较大关系，但后天管理也很重要，要对所在地区的气候进行好好研究。过于潮湿和闷热的天气会引发皮肤和毛囊的问题出现；过于干燥会产生大量的静电，使外毛容易折断，所以好的营养和适宜的温度与湿度控制是相当重要。

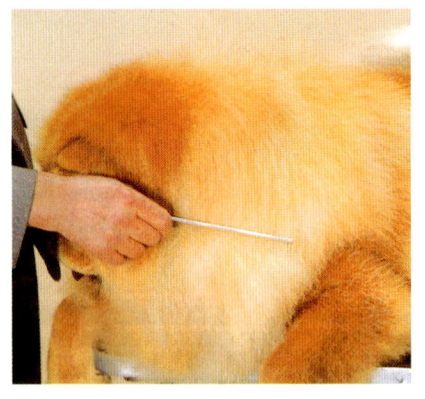
a.首先用较长的针梳梳毛

b.再用刷子刷遍全身

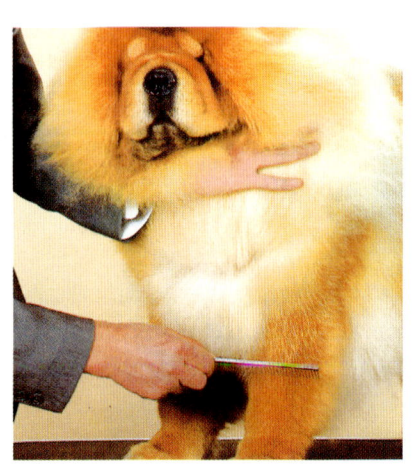
c.用针梳再次进行全身梳理

梳毛方向示意图

被毛梳理

　　每周至少给松狮犬梳刷两次以上。梳理是为了使又长又厚的毛立起来并保持清洁状态。对许多有着如狮子一样环状鬃毛的成年松狮犬，在梳刷时要特别当心。当小松狮犬开始掉毛时，它的底毛应该梳掉，这样就能长出更好的成年毛。

　　用正确的工具经常梳理是非常重要的。工具以天然的棕毛梳最为适合，它可以最大限度地减少静电的产生。让松狮犬站在一个稳固不滑的台子上。首先将皮毛用低盐水擦拭以去除灰尘等，如果是皮毛混乱的地方应

松狮犬的美容工具

准备好一张结实的美容桌、一把不锈钢梳子、一把平衡非常好的18厘米长的剪子、一把中号毛刷、一把中号针梳、一把指甲剪、止血粉、优质的护毛油、符合毛质的浴液、一部吹风机。

该非常轻柔的擦拭。然后用一只手将毛压住,然后轻轻地一部分一部分地向头的方向刷。从头开始,有系统地梳向尾部,记住:轻柔地梳理胸部和身子下面。因为胸颈部和前肢下面毛特别容易打结,所以梳理时要特别当心。

短的腿毛也用梳子梳理,记住将腿上的毛向上梳。检查耳朵是否干净,如果需要,用湿毛巾轻轻擦拭。要保证擦干眼睛。最后的工作是把毛从尾部向头的方向刷,这会增加松狮犬的魅力。

和其他的狗一样,松狮犬每年会脱两次毛,而且在成年时会严重脱毛。当然,当松狮犬脱毛时,就应更频繁地梳理。

如果你的松狮犬的毛质较枯,就要选择一些可以"锁住"水分的用品了,如使用"护毛膏"等产品。钢丝梳不适合手法很生疏的人使用,使用不当会对毛囊造成极大伤害。

清理耳朵

松狮犬耳朵内有毛,易出油,可以把耳内毛拔除,也可只拔旧毛部分,这样做的目的是要保持耳内通风,预防耳朵发生感染。每周都为松狮犬检查与清洁耳朵。首先让狗坐在你的面前,或躺下来,然后查看耳朵里是否有异物,如果有,要很小

心地为它清除。健康的松狮犬耳朵应该是没有污垢与耳垢的，而且没有任何臭味。当你摸它耳朵时，它不会显得很敏感不让人碰，否则那就可能耳朵有病感染了。观察一下狗是否会一直摇头或把头侧向一边一直抓，这也是耳朵有问题的症状。如果耳朵有感染耳疥虫，就必须就医诊治。如果要拔除耳内杂毛，可以先扑撒一些耳粉，等待所有毛根都均匀撒上后，让它干燥以后再开始拔除，不但狗儿不会很痛，拔毛时也会容易多了，拔除耳毛一次不要量太多。

清洁眼睛

松狮犬的眼睛需要每天都加以清洁与检查，可以用棉花球沾温水为它擦净，除去眼角侧堆积的污垢，预防感染与眼渍。如果没有每日清洁眼睛，日久造成感染，那样麻烦就大了，须送医院进行检查治疗。

清洁牙齿

刷牙工作至少一周2~3次。帮狗刷牙要从小训练,使用狗专用的牙膏来帮狗刷牙,不要用人用的牙膏,以免狗会生病。刷牙的方法就像你自己刷牙一般,经常刷牙可以让狗的牙齿洁白,降低口臭,去除牙菌斑,防止牙垢及口腔疾病感染。如果牙垢已经产生,应请兽医清除。食用颗粒状狗食有助洁牙,罐头狗食及软性狗食品较容易产生牙菌斑,嚼食硬的狗饼干与咬洁牙狗玩具也可帮助牙齿健康。

修剪趾甲

为让松狮犬及早学会被主人剪趾甲,应该自幼犬时就养成每周修剪习惯。从仔犬时就应该开始修剪松狮犬脚趾甲,小狗在哺乳阶段,也需要把趾甲修短,这样才不会抓伤母狗。幼犬要每周一次,成犬则每月修剪一次趾甲,尤其是参加比赛的松狮犬,主人一定要经常修剪它们的趾甲。当您看到狗的趾甲在站立会触及地面时,就应该加以修剪。为了让松狮犬的脚趾头看起来美观漂亮,务必把趾甲修到最短,因为若任其自由生长,其血管也会跟着长,以后就非得剪到血管才能再让趾甲变回理想长度。用左手把脚掌握住,拇指在上,其他手指在脚垫下,这样可以把脚趾头一根根分开,用右手拿趾甲剪,朝趾肉外的趾甲剪下去。万一剪到肉时,放下剪刀,左手继续握紧脚趾，撒上止血粉，然后按压1分钟，再放开检查是否已止血，如果没有，再反复施药，直到血止住为止。剪完第一只脚后，要用锉刀磨一下，以免尖锐的趾甲不小心刮伤主人。然后继续完成其他脚趾的修剪工作。

趾过长会影响松狮犬的步态

清理肛门腺

每只狗都有两条肛门腺，正常情况下当狗大便时，会一并排出肛门腺内的分泌物。有时候狗无法正常将肛门腺内的分泌物排出，尤其小型犬。软便、开口太小或过度运动是肛门腺阻塞的原因，当肛门腺阻塞则可能造成感染，患犬也会有在地上磨屁股或想咬屁股的动作出现，甚至发出痛苦的呻吟。治疗方法就是要把肛门腺内的分泌物挤出来，但这是个又脏又臭的工作，万一您的松狮犬有此情况，需请兽医教导如何清理阻塞的肛门腺，以免造成其他感染。

洗澡

松狮犬每月可洗1~2次澡，不可洗得太勤。每次洗澡之前，都最好为它们的眼睛里滴上一些油质的洗眼液，这样可以防止浴液对眼睛的刺激。洗澡的时候首先要彻底地湿润毛发,然后使用浴液,用力揉搓(注意,不可挠抓皮肤)使其充分地冒起泡沫,当它的全身都充满了泡沫的时候,就可以冲洗了。冲洗是洗澡中最重要的步骤,一定要保证没有任何浴液的残余遗留,因为这对它们的皮肤会有非常大的伤害。冲洗过后,要在浴缸里面为它擦干身体并确定清除了它耳中的水。

接下来的步骤是吹风,此时应该让你的松狮犬侧向一边躺下,最初的时候这个工作可能得由两个人来完成,但注意最后一定要让它服从你。吹风的时候应该从腹部和腿部毛发开始,然后逐渐向上到脊柱处。注意风力一定得大到使你可以看到它的皮肤,即使是毛发最丰厚的松狮犬也一样。吹干后换另一边,最后再让它站起来吹干上部的毛发。

松狮犬的修剪

比赛时的修剪要以犬种标准为准绳,将自己的松狮犬尽量修剪得符合标准。这其中包括两个部分:一是毛发标准,这需要我们针对自己狗的具体情况有选择地使用相应的洗护产品,甚至自行调配;二是体构的标准,简单

参加比赛的松狮犬不需要特别修剪

讲就是将自己的松狮犬尽量修剪成正方形。通常情况下参加比赛的松狮犬是不需要做特别的修剪的，但如果对标准有很好的把握以及对自己的手艺很有信心，可以在比赛前10天左右以"外圈，背圈，后圈"为重点为它进行一定的修剪。头部顶端的毛发可以用牙剪修剪，并且尽量自然地与嘴部呈平行；肛门附近过长的毛发也要逐渐地修短，使尾根到肛门周围显得很干净利落。比赛之前记得再为它喷些防静电喷雾或者反光剂，就可以闪亮登场了。

松狮犬的繁殖

松狮犬的繁殖有其自身的特点和规律,深入认识和了解其特点与规律,研究犬的生殖生理和繁殖技术,实施科学繁殖,是获得血统纯正、品质优秀松狮犬的保证……

松狮犬的繁殖方法

◆ 近亲繁殖法

近亲繁殖法是指有血缘关系的父女、母子、兄妹、姊弟、直系血亲的交配繁殖。采用近亲繁殖是希望父母犬方面优秀的禀性会在子女的身上重现,但较好的交配法是父配女、祖父配孙女、叔伯配侄女、异母兄弟配异母姊妹等,如此形态统一、具有系统的交配法所培育出来的仔犬,可以达到一些理想的效果。

近亲繁殖法培育成功时会强化优点,但培育不成功时,双方缺点的强化也是双倍的。因此做近亲繁殖时一定要确定双方在遗传上没有重大缺点才行,否则生下的仔犬会有许多缺陷。近亲繁殖是尽可能多地遗传优点,少遗传缺点。如果采用近亲繁殖法成功地繁育出一只极优秀的母犬,则还可再做一次近亲交配,但此时更应该严格筛检小犬,择优汰劣选出最优秀的一只,然后应改用系统繁殖,来定型已强化的优点。这样所繁殖出来的仔犬血统中含有非常多"优性基因",必可成为很好的种犬。

专家提示

使用近亲繁殖法是非常冒险的,因为一些遗传不良体形或特殊疾病的基因大多数都呈隐性的。往往显性遗传基因和隐性遗传基因配合成对,但犬只本身却只显现隐性基因。若它们之间近亲繁殖,则他们的仔犬中将有一定比例会全部带有这种隐性遗传缺陷。所以通常不会采用三代以内近亲繁殖这种方法。

◆ 系统繁殖法

系统繁殖法是指在公母双方四或五代的血系中,有一只以上的相同祖先犬,而在双亲及三代内,并无同一犬重复出现,这样的方式就是系统繁殖法。它是一种程度较轻的近亲繁殖,一般繁殖者都喜欢采用这种方式,因为它不必冒近亲配种带来的危险,又可获得近亲繁殖的良好效果。

采用系统繁殖法时,应事先了解公母犬上 5~7 代的血统,这有绝对的参考价值,我们可以从这些血统中研究出要配对的母犬前 3 代的血统基础。假如在预备配对的种犬的祖先中,不断出现相同的杰出祖犬,虽然在代数上不尽相同,也可以把它们作繁殖倾向的指标。利用系统繁殖法,繁殖出优秀仔犬的比例也相当大,因为在繁殖时我们依据血统,大约可以推断出公母犬的遗传倾向,而加以善用,期望祖先犬优秀的特质将可能重现。

要想获得品质稳定的后代犬只,必须遵循科学的繁殖方法

◆ 异系繁殖法

异系繁殖法就是欲交配的公母犬双方在前五代的血统中没有一点血缘关系，而完全引进本身所没有的新血统。当某一系统的缺点被强化且在后来的改良中一直无法突破消除时，若另一血统都没有这种缺点，而原来的血系又有精密的血统组合时，则可以将此血统纳入而寻求改良。我们将改良后的第一代仔犬称为A，通常必须汰劣留优，然后用A中优秀的仔犬来交配原来的血系，但原血系却必须挑选从未繁殖出带有这种缺陷者才成。如果A中的仔犬不配回原系而继续做异系繁殖，则所生出来的第二代B仔犬产生劣犬的比例将大为提高，这是因为它们的基因库已被干扰得乱七八糟，原来那些来自近亲繁殖所获得的优秀基因被分散掉了。

另外，还利用"部分异系"的代替方法也可行。也就是引进1/4的外系(公犬或母犬之中有一方带有1/2外系)，所繁殖出来的仔犬血统中有3/4为原系，只有1/4为异系。此种手段较为温和，可达到较为理想的效果。

松狮犬毛色遗传

松狮犬的颜色由基因控制，基因分显性和隐性，如果两种同时存在，显性性状将会表现出来。每种颜色的遗传组合，会得以下可能的繁殖结果：

◆ 黑色与其他色相配

从[黑色×黑色]的繁殖，我们有可能得到任何颜色。

同样[黑色×红色]，[黑色×蓝色]，[黑色×肉桂色]以及[黑色×奶油色]也能得到任何颜色。

黑色的幼犬是非常容易辨认的，不管是刚出生还是一身湿都是黑得发亮。

◆ 红色与其他色相配

如上所说,红色 x 黑色的繁殖可能得到所有颜色。

红色 x 红色 = 红色、肉桂色和奶油色

红色 x 蓝色 = 全部颜色都有可能

红色 x 肉桂色 = 红色、肉桂色和奶油色

红色 x 奶油色 = 全部颜色都有可能

红色的幼犬刚出生时颜色很暗,弄干后它们的颜色可能是浅红,深红或者茶褐色。小时候经常有黑色的面罩,成熟后会褪去。

◆ 蓝色与其他色相配

蓝色 x 黑色,蓝色 x 红色都可能得到所有的颜色

蓝色 x 蓝色 = 蓝色,肉桂色,奶油色

蓝色 x 肉桂色 = 蓝色,肉桂色,奶油色

蓝色 x 奶油色 = 可能得到所有的颜色

蓝色幼犬出生时是灰白色的,弄干后是蓝灰色,耳朵和指甲颜色较深。

◆ 肉桂色与其他色相配

如上所说,肉桂色 x 黑色能得到所有颜色

肉桂色 x 红色 = 红色,肉桂色,奶油色

肉桂色 x 蓝色 = 蓝色,肉桂色,奶油色

肉桂色 x 肉桂色 = 肉桂色,奶油色

肉桂色 x 奶油色 = 蓝色,肉桂色,奶油色

肉桂色幼犬刚出生时非常像蓝色,看起来都是灰色。肉桂色又可分为两种:红肉桂色(red-cinnamon)和蓝肉桂色(blue-cinnamon)。红肉桂色的在面颊和前腿后面略带桃色,蓝肉桂色看起来像蓝色,但耳朵和指甲是灰色的,蓝色松狮的耳朵和指甲必须是深色的。

◆ 奶油色与其他色相配

奶油色 x 黑色,奶油色 x 红色,奶油色 x 蓝色都能得到任何颜色

奶油色 x 肉桂色 = 蓝色,肉桂色,奶油色

奶油色 x 奶油色 = 奶油色

奶油色松狮非常容易辨认,经常是白色带着深色些(浅红)的耳朵。

血统证明书是繁殖选种的重要参考依据

松狮犬的选种

想要培育出优秀的松狮犬仔犬,必须选择优秀的种犬。选择种犬时要从体型、外观、毛色、年龄、血统、健康、气质等方面作出正确的判断。只有通过择优汰劣、去粗取精、优势互补,才能培育出品质优秀的纯种松狮犬。

任何作交配用的松狮犬必须无遗传方面的任何毛病,我们应细察其血统证明书,根查其祖宗三代。狗狗出现的一些问题很多是由于管理不当所致,如犬主饮食营养搭配不合理,环境不卫生等,都会繁育出一批不健康的问题狗。不健康的狗不宜拿来配种,以免祸延其下一代。犬主日常疏懒,不带犬散步或运动,很易导致松狮犬四肢不够粗壮和脱毛,或毛色差、肥胖等。不适当的训练与管理,可导致狗儿的骨骼结构不正常,体躯结构不紧凑,不合比例等。有些缺点会遗传给下一代,有的缺点虽然不会遗传给下一代,但若是雌犬,则可能对其怀孕有影响。饲养种犬的地方要空气流通,避冷风。凡作为交配的几头雄犬,不宜养在一起。它们进行交配前数小时应先吃一大餐,同时作短跑,作用是松弛其神经,有如先作热身运动;切勿饿着肚子交配,也不要跑得太远,以免雄犬过于疲乏。

松狮犬的选种秘诀

A.近亲繁殖不宜过密
B.不宜配混有杂种血统的狗只
C.无任何遗传病与缺陷
D.达到性成熟年龄,应在1岁以上
E.血统优良、符合犬种标准
F.已注射各种防疫针和定期防虫
G.骨骼正常,牙齿正常
H.勿缺齿,勿反铲,切勿腰堕
I.生殖器官发育正常
J.雌犬的发情周期要正常
K.避免选过胖的种狗
L.体弱、适应能力差的勿选配
M.选种应避免遗传性缺陷
N.选种要预防情绪遗传病
O.最好壮龄配壮龄,勿选老龄母狗

松狮犬的发情

◆ 发情周期

松狮犬5~7个月为一个发情周期，一年两次，在春秋两季。发情周期一般分为发情前期、发情期、发情后期、无发情期。

发情前期 为发情前的一个时期，发情前期的确定一般是以阴道开始有血样分泌物(发情出血)为依据。这个时期母犬会接近并挑逗公犬，但不接受交配。持续时间平均为9天。

发情期 指母犬接受公犬交配的时期。发情期的持续时间平均为9天。

发情后期 为发情结束的一个时期。发情母犬进入发情后期是以母犬开始拒绝公犬交配为依据的。持续时间为60~100天。

无发情期 是发情后期到下次发情前期的期间。犬是单发情动物，这个时期不是性周期的一个环节，是非繁殖期。无发情期间的生殖器官呈休止状态。无发情期的持续时间平均为120~130天。

◆ 发情征候

行为变化 多数母犬在发情前期前2~3天，就表现不安、易兴奋，不服从命令，饮水量增加，食欲减少，频频排尿。

发情出血 发情前期的初期，阴户流出的分泌物为暗红色或茶褐色血样黏液，以后逐渐变红呈水样；从发情前期的后半期到发情期的前半期，分泌物呈浅红色；发情后期，阴道分泌物为血样黏液。发情出血量，发情前期的前3天量少，中期量多，后半期多停止出血。

阴唇肿胀 进入发情期后，整个阴唇变软，转为可交配状态。临近排卵时，阴唇肿胀程度最高，排卵后迅速消肿，之后阴唇又肿胀到接近排卵前的程度，以后逐渐消肿，恢复到正常状态。在排卵期的交配才是有效的交配。

阴道分泌物 分泌物为雌性动物生殖器官内壁脱落的细胞和蓄留于阴道内的分泌物，还包括子宫外口部的附着物和子宫颈管的黏液等。

专家提示

松狮犬的异常发情

安静发情无发情迹象，但却排卵，可用注射促性腺激素或马血清治疗；假发情可能是由于脑垂体或下丘脑分泌的促性腺激素不足而引起的；发情期过短可能是发育卵泡成熟过快或卵泡停止发育、卵泡发育受阻而引起的；发情期过长可能是卵巢囊肿或促性腺激素缺乏所致；孕后发情可能是生殖激素分泌失调所致；乏情期延长补充维生素E即可正常发情。

松狮犬的交配

◆ 交配适期

松狮母犬发情后,准备让其繁殖时要掌握适当的交配期。如果无法正确地掌握,是不易受孕的。要仔细观察以下各点,以找出适当的交配期:

A.出血的颜色由红色变为粉红色,渐渐变淡,黏液增多。

B.外阴部变得更为膨胀且隆起。

C.用手指轻轻刺激其外阴部的周围、腰、尾巴根部,出现极敏感的反应,尾巴会上翘,扭腰,横躺在那儿,称孕让尾。

D.当有公犬接近时,母犬会积极地扭腰,发出允许讯息。另一方面公犬也会闻母犬外阴部的味道,或舔或骑在它背上,做出交配的动作。

从母犬的出血日起开始计算,第10~14天时,平均是在第12天,出现以上现象时,就是交配的适当时期。

专家提示
交配前的防虫措施

交配前,公母犬双方应处在健康的状态,无虫病。如果要替雌犬驱虫,最好在它发情期之前两周进行,如果太接近其发情期,可能会扰乱它的周期性。假使你在它刚怀孕的时候才发觉要驱虫的话,则应立即进行。驱虫药宜在上午空肚服食,那天应停食。切勿在怀孕后期替雌犬驱虫,它可能不能忍受,应先请教兽医。

◆ 交配前的准备

在配种前2~3天,再对公母犬的健康情况进行一次全面检查,重点看公母犬有无传染病,尤其是皮肤病和寄生虫病。有条件时,配种前2天检查公犬的精液质量,如果精液太稀、精子活力弱或颜色不正,不能配种。配种前半天或1天,让公母犬接触一次,但要看住不要让配上,这样能刺激母犬排卵,可大大提高产仔率。配种前一顿,公母犬都不要喂得太饱,以免影响交配或公犬发生反射性呕吐。配种前半小时,让公母犬自由散步,充分排净粪尿。

◆ 交配过程

犬的交配是指在交配时期内,公母犬在生殖激素的作用下,通过嗅、视、听、触的感觉神经接受刺激,对异性发生的性反射,这种反射是本能的

> **专家提示**
>
> **交配应注意的问题**
>
> | | |
> |---|---|
> | 公犬交配频度 | 一年不超过40次;两次交配至少要间隔24小时以上。母犬的繁殖次数以两年3次为宜。 |
> | 交配时间 | 以清晨公母犬精神状态良好时为最佳。 |
> | 交配地点 | 选择安静的地方,不受影响的情况下交配。 |
> | 作好配种记录 | 详细填写配种时间,与其配种的公母犬名字、品种、胎次、发情日期及预产期等项内容。 |
> | 注意安全 | 当交配呈拴系状态时切不可惊扰。 |

反应。

  公犬的射精过程可分为三个阶段。第一阶段是公犬的阴茎插入阴道时就开始射精,此时精液不含精子;第二阶段是将含有大量精子的白色乳样精液射入子宫内,这个过程较短;第三个阶段是锁结后射的精液为不含精子的前列腺分泌物。

  交配中的锁结是指公犬从母犬背上爬下时,生殖器官不能分离而臀部触合姿势,这一姿势一般持续5~30分钟不等。在这一阶段完成第三次射精,但这与受孕已没多大关系。在交配时只要算准了交配适期,一次交配便能受孕,但为了稳妥起见,应该隔天再配一次,以防万一错过排卵期。

松狮犬的妊娠

  怀孕过程 一只精虫可以让一粒卵子结合受精,受精卵会逐渐移至子宫内,到了第18天,受精卵便开始着床,而胎盘、浆尿膜、羊膜、羊水便于此时紧裹住受精卵,让它在子宫内安全而舒适地继续发育。至20天左右时已有1厘米大小,30天时已有3厘米,而至40天时胎儿已有5厘米大小,这时已可以看到稍微隆起的腹部。至50天时腹内的胎儿已有8厘米大小,而至60天接近分娩时,则已有15厘米左右大小了。自着床至分娩这短短的40天内,其内部变化非常快。

  妊娠诊断 家庭早期妊娠诊断,通常采用触诊法。受精卵于排卵后20天左右开始着床,这时的胚胎直径为1厘米左右,排列成小球串状。当妊娠25~35天时,着床部位的子宫因胚胎发育而膨隆起来。胚胎直径2.5~4.0

> **特别提示**
>
> **注意犬的假妊娠**
>
> 若在交配后虽也呈现腹部膨大,乳腺发胀,或能挤出少量乳汁,但未妊娠,这叫假妊娠。分辨真假妊娠的办法,是检查犬的体重是否明显增加。如果腹部增大,但体重没有明显增加的为假妊娠。犬的假妊娠经常发生,一般认为这是犬特有的现象。犬的假妊娠是生理性的,假妊娠器官或生理方面可能有问题,故不适宜用作配种。如果你喂养的松狮犬经常假妊娠,你只有忍痛割爱,对其施行绝育手术。

厘米左右,这时,腹壁触知最明显。当妊娠 35～45 天时,因胎水增加,胚泡伸长,紧张度消失,子宫角成为直径均一的管状,与腹腔的肠管较难区分,因而此时触诊不易诊断。当妊娠 45～55 天时,子宫角和各胎儿迅速增大,这时触诊母犬后部比前部明显,但要注意与结肠内的粪便相区别。一般这时的子宫角显著膨大而伸长,子宫角的中部在肝脏后方折回,尖端位于子宫角基部的上方。妊娠 55 天至分娩期间,很容易触到各个胎儿。

松狮犬的生产

◆产前准备

在怀孕犬临产前大约两周,即应与家中和邻居其他犬只分隔开来。最好事先准备一个干净的大盒子或木箱。盒子或箱子的大小,应足够供母犬舒伸腿,以及能容纳所有的幼犬。里面应铺些撕碎了的干净报纸,若弄污了也比较容易清理。

雌犬在临产前的 10 天内,应先习惯睡在盒子或箱子内。作为"产房",内部气温至少应为 27℃,早晚温差不能过大,冬天应有保暖设施。松狮犬毛较长,应在这时期替它剪去乳腺四周和阴户四周的长毛,以便日后它生产与哺育幼犬。

◆产前征兆

犬的妊娠为 58～63 日间,故配种后我们可以依据第一次的交配日来推算预计的生产日期,在预定生产日前后几天,都有可能是你爱犬的生产日。松狮犬分娩前有一系列表现,要注意观察。

外阴部和骨盆发生变化 分娩前 3～5 天,外阴部逐渐柔软、肿胀、充血,阴唇皮肤变红,从阴道内流出黏液。这时骨盆变大,臀部坐骨结节处明显塌陷。分娩前3～10小时,子宫颈口张开。

行为变化 接近分娩时,母犬出现非常明显的变化,行为具有特征性。子宫、子宫颈、阴道等生殖器官及其周围充血,母犬臀部的坐骨结节下陷,后躯柔软,外阴部和阴唇肿胀,呈弛缓状态。临产前的母犬食欲不振,不安、气喘,呼吸快,寻找隐蔽的分娩场所,有些母犬有筑窝行为,多数犬从分娩前12小时开始,频繁出入预先确定的产室,而且入产室时间长,外出的次数逐渐减少。分娩前1小时(少数犬前2～3小时),母犬用前肢扒垫草,抓产室的毛巾、抹布等,并用嘴咬断撕碎,发生低沉的呻吟或尖叫。多在这期间阴门露出胎胞。

体温变化 犬的正常体温为38.3℃,临分娩前的母犬体温明显下降到36.5～37.2℃。多数母犬的体温在第1个胎儿出生前9小时为36.4～37.2℃(最低体温),比生理体温低1℃以上。因此,可根据妊娠末期明显的体温变化,来预测分娩的准确时间。

松狮犬的助产

产前活动 阵痛开始后,母犬因疼痛而多睡卧,懒于走动,若停滞时间过久,则会影响胎儿向产门蠕动行进,故宜牵出室外到附近走动。这样可以缓解母犬紧张的心情,并且适量活动可促使仔犬顺利导向产门。

催生方法 母犬坐产过久,仍不能产出,或坐产无力,仔犬难以通过产道,则可以催生。催生的方法,除牵出室外运动及以手推摩母犬腹部帮助用力外,医院最常用的方法就是注射催生针。催生针的效果极佳,但催生针使用不当时,却会引起严重的不良后果,如果母犬是因骨盘扩张缓慢,在未开至适当宽度前使用催生针,仔犬非但不能产出,母犬也会因为过分用力而将子宫撑破,那太危险了,因此催生针剂的使用应请教兽医。

触诊的具体方法

检查者应先抚摸犬给以安全感,使犬安静。取站立式,把犬的头部轻轻挟抱在检查者的腋下,左右手掌放在犬的前腹部乳房与后腹乳房间的腹侧,手指稍张开,两手轻轻边压腹部边朝下腹部滑,妊娠子宫可垂到下腹部,这时,轻轻柔和地用手指挤压,可感知坚硬、隆起的受精卵着床部位,易区别于其他脏器。

人工接生 有些母犬首胎生产，无生产经验，既不会撕破胞膜，也不会咬断脐带，此时还是人工接生更可靠安全。首先见到胞衣慢慢自阴部露出，随着母犬使力向外生出，在露出未超过 1/2 前不宜勉强拖出，待超出一半后，如滑出顺利也不需助力；如超出 1/2 后出生仍极慢，为节省母犬的体力及防止仔犬休克，可用纱布裹住仔犬，配合母犬向外用力时向外拉出。向外拉时，力度要适当，需注意勿用力过猛而伤了胎儿，尤其不可将胎衣及脐带拉断。仔犬出生后，首先自头部撕破胞衣，并速将仔犬口内黏液、羊水除净，使仔犬呼吸顺畅，然后用两手将胞衣连脐带握牢，慢慢将胎盘拉出，要小心不可拉断。胎盘出来后立即用消毒过的棉线，自仔犬肚脐 1 厘米处扎结，再予以剪断，断脐处需要碘酒消毒。断脐后，立即用干布将仔犬全身擦干（或温水洗净后再擦干），并揉背部使仔犬叫出声，然后放入铺好垫布的笼内，并用电热毯或电灯保温。处理妥当后，将母犬身上稍为拭净，再换生产用的报纸，然后将胞衣、胎盘等秽物收拾干净，如此即完成一只小狗的接生工作。

人工帮助呼吸 仔犬出生后，一将胞衣撕破露出口鼻，仔犬便开始呼吸，强健者立即挣扎蠕动且大声啼叫，但大多数仔犬都必须待口腔内黏膜液除净后才能正常呼吸发声。有些幼弱者虽然口腔已清除干净，但仍然不能呼吸，此时可见仔犬疲弱无力呈假死状，应即施以按摩，再用大拇指及食指两指轻按仔犬前肢腋下心脏处，然后用毛巾从颈部至背部摩擦，且轻轻按摩心脏，通常数分钟后即可见仔犬逐渐苏醒，发出嘤嘤之声，此时仔犬即已得救，可放入产箱保温。经过假死的仔犬于生后数月内要特别小心照顾，并注意其体重增加的情形，如果哺乳良好，体重稳定增加，则将会日见茁壮。

胎盘、胞衣的处置 母犬生产后所排出的胎盘、胞衣若母犬喜欢吃，可以少量给予。胎盘、胞衣可助母犬恢复体力，促使乳汁分泌，并可增强初乳中的免疫力。但如吞食过多，会引起母犬消化不良及下痢等症状，故不可多给。

生产完毕的确认 以手触摸母犬腹部，若两侧均柔软无硬块，且母犬已不再有待产的情况，即已生产完毕。

产后清洁 母犬生产完毕后，下半身均为羊水、污血所脏，故宜以温水将尾部周围洗净吹干，并以酒精棉及温开水将奶头附近擦净，稍事休息后再让母犬哺育小狗。

异常生产的处置

松狮犬发生异常生产的情形相对较少,若过度近亲繁殖,则可能造成生殖机能不太健全,再加上管理不善的话,就可能会发生异常生产。现将异常生产的各种情形略述于下表:

难产情形、原因及处置一览表

难产情形		原　因	处　置
阵痛微弱		平时缺乏锻炼,生产时用力不足,血液钙质过低或荷尔蒙不活性引起	由医师据临床症状注射阵痛促进剂
产道狭窄		盆骨狭小、阴道发育不全或狭小	请兽医行剖腹产
胎位不正	逆位	胎儿以后肢朝向产道	多为顺产,若头部被卡住,予以协助
	后头位	进入盆骨,胎头呈俯卧状,鼻朝向胸部,脖头蜷曲,头部宽度增加	无法顺产,及时请兽医协助调整
	臀位	逆位生产时,后肢缩向腹位以臀朝向产道,臀部变大	应设法转位,使其顺利生产
	侧体位	误入子宫角,胎儿屈成乙形,以一只脚朝向产道	形成绝对难产,转位后试着以镊子夹出,否则进行剖腹产
胎儿过大		胎头比母犬产道大得多	差异不大,可剪开会阴取出,否则进行剖腹产
胎盘早期剥离		分娩日未到,胎盘即由子宫剥离,阴部流出墨绿色分泌物	至少一只仔犬死亡或处于死亡边缘,请兽医处置
剖腹生产		以上各种难产,用尽办法无法顺产时	只能借助剖腹生产
流产		8周前生产,母犬受撞击、缺乏黄体荷尔蒙、细菌侵入子宫	弄清原因加以预防
早产		满8周但未熟产出、胎儿过多、肚子受寒、黄体荷尔蒙不足	细心照顾早产儿
迟产		超过预产期4天	预防胎儿过大的难产

产后的管理

◆ 刚出生仔犬的护理

初生仔犬的体温调节机能尚不发达,体温易受外界温度的影响,无法保持一定的体温,所以出生后的保温甚为重要。保温方法以电热毯为佳。如果不用电热毯,则可在仔犬箱上方置一盒40W或60W的白炽灯泡,也足够保温,育仔箱温度以30℃最适当。生产时如为盛夏且天气炎热,除出生当天外,可不用保温;如因天气过热而仔犬哀嚎不停时,应采取措施降温,保持30℃的恒温。新生仔犬自律神经尚不发达,无外界的刺激不会排便排尿,通常母犬会以舌头舔拭仔犬的肛门和外阴以刺激排便排尿,并且吃掉仔犬排出的粪尿。但若遇上初产或娇生惯养的母犬不会照顾仔犬时,则饲主应以棉花或卫生纸,轻轻擦拭肛门及外阴部以促进排泄,一日数次,直到仔犬能自己排便为止,这大约需要20天。

随时观察仔犬状况

◆ 帮助仔犬吮乳

为了使母犬的乳房便于仔犬吸吮,可预先剪去乳头周围的毛,哺乳时,用手指压迫乳房,稍挤出少量乳汁之后,再把仔犬的口对到乳头上。由于仔犬主要通过初乳获得抗病能力,靠初乳的轻泻作用促进胎粪排出,因此仔犬出生后要及早哺乳,吸足初乳。

初乳 产后3天内的乳汁称为初乳,其成分与常乳有很大的不同,含有较高的蛋白质、脂肪、丰富的维生素,具有缓泻作用,可促进胎便排出。初乳酸度高,有利于消化活动。初乳中的各种营养物质几乎可全部被仔犬吸收利用,对增长体力、维持体温极为有利。初乳含有多种抗体(母源抗体),这对于机体抗病机制尚不完善的仔犬有着十分重要的意义。据实验,仔犬可以从初乳中得到77%的免疫保护力,随后母源抗体的浓度逐渐降低,到1周龄时为45%,2周龄时为27%,3周龄时为16%,到8周龄时基本没有了。因此,应尽可能早地让仔犬吃到初乳。

常乳 指犬分娩3天后的乳汁。常乳中也含有大量蛋白质,但主要是酪蛋白,其次是白蛋白和球蛋白以及乳脂肪和乳糖。这些物质也都是仔犬生长发育中不可缺少的物质。

哺乳的时间和次数 哺乳的时间、次数母犬自会掌握,无需人为地干预。但有些乳汁少或母性差的犬,主人要注意授乳情况。一般每天的喂奶次数应在5次以上。

◆ 母乳不足的处理

产后母犬死亡、产仔过多或母乳不足时,要采用人工哺乳或寄乳。人工哺乳通常喂以牛乳或奶粉。

寄乳 寄乳是将仔犬寄养给其他哺乳母犬的一种方法。但保姆犬主要是通过气味辨认亲子的,因此,在寄乳前应先将保姆犬的乳汁或尿液涂在欲寄乳的仔犬身上,使其带有保姆犬同样的气味,这样易被保姆犬接受。但在刚开始接触时,应加强观察与管理,严防踩、咬现象,必要时可给保姆犬戴上口套,待其允许仔犬吮乳后再摘下。

人工哺乳 犬乳中蛋白质量是牛乳的3倍,脂肪量是牛乳的2.5倍,因此人工哺乳单靠牛乳营养是不够的,所以应该在牛乳中加蛋黄及乳粉。初期人工哺乳可用1份乳粉加7份水,以后逐渐增加乳粉浓度,直至1:4的比例。人工哺乳应尽量少食多餐。出生5日内的小仔犬应2~3小时喂乳一次,每次20~30毫升;生后

保证新生仔犬吸入充足的营养

6～10天的仔犬应每3～4小时喂乳一次,每次30～80毫升;生后10～15天的仔犬应每隔4～5小时喂乳一次,每次100～120毫升。仔犬未睁开眼时用乳瓶喂乳,睁开后可改用食盘。喂食量可随小仔犬的食量进行调整,逐渐增加喂量和浓度。仔犬的环境温度通常为30℃

左右,随着日龄的增加,环境温度也应逐渐下降一些。如小仔犬未曾吃过初乳,则应在仔犬生后连用三次增加仔犬体质、抗病能力的药物,如免疫血清、免疫增加剂、丙种球蛋白、干扰素及转移因子等。

松狮犬的疾病预防

平时应注意犬的健康状况,搞好预防工作,及时注射疫苗。每天为狗狗做1次快速检查,一旦发现问题立即进行治疗……

平常注意观察有无异样

有经验的饲养者可以根据一些常见症状,及时发现爱犬的疾病,并及时进行治疗,保证爱犬的健康成长。

步子怪异 应想到它脚底是否扎进异物,是否受了伤等。如无明显外伤,那可能是关节炎、佝偻病、骨头发育不良、骨折或脱臼。

没有食欲 若明显消瘦则要引起注意。如果进食量不到平时的一半,老爱躺着不动,就要带它到医院检查。

饮水量比较多 如果没怎么活动而喝水很多,应当首先考虑狗是否吃了含盐过高的食物。此外,高烧、痢疾、糖尿病、肾病、尿崩症等都是狗大量饮水的原因,应当请兽医诊治。

散发臭味 口中发臭可能是由于牙结石或口腔炎引起的;耳朵发臭是因患外耳炎、中耳炎或耳溃疡;体毛发臭应考虑到皮肤炎症或肛门囊肿;生殖器官发臭是子宫炎症及尿分泌异常等原因。

咳嗽 经常咳嗽说明狗的呼吸器官与支气管出现异常。当患有传染性支气管炎时也会咳嗽,请尽早向医生求治。

鼻子干燥 刚睡醒时狗鼻子发干是正常的,但是如果同时还发烧就要小心了。此外流鼻涕、出鼻血、鼻部肿大、鼻孔不通等症状也不应忽视。

口内流涎 应检查是否患口腔炎。

频繁呕吐 狗吐完后精神有所好转则无大碍,如反复做出呕吐状,或浑身瘫软无力,则应注意。可能是食道内异物堵塞、吞下了无法消化的物品、肠梗阻症或肠扭绞、巴尔波氏病毒感染、钩端螺旋体病或其他疾病。

眼圈糊满眼屎 如果发现狗眼圈周围粘满眼屎,或者眼部肿胀等症状,应找医生咨询,绝对不能自作主张用人的眼药给狗治。

犬的免疫

疫苗是保护犬免遭传染病侵害的有效武器之一。然而,有些主人对疫苗(特别是联苗)的组合混淆不清,免疫程序不明,使用方法不妥,甚至对犬的过敏和应激反应束手无策,从而造成免疫失败和造成不良后果。

目前我们常用进口和国产疫苗有:犬瘟热(D)、犬传染性肝炎(H)、犬细小病毒(P)、犬副流感(Pi)、犬钩端螺旋体(L)、犬窝咳(KC)、犬冠状病毒(C)、狂犬病(R)等。有单苗、双联苗和多联苗之分。

由于疫苗公司和厂商不同,因此疫苗的免疫程序制定也略有不同。如果选用的疫苗公司或厂商疫苗品种齐全,可按下列建议免疫程序注射;如果疫苗品种不齐全,没有的则不予考虑,仍按下列建议免疫程序注射。

◆ **建议免疫程序**

如果是自己繁殖的犬,可在 30 天时鼻腔滴注犬窝咳和犬副流感疫苗(KC);35 天时皮下注射犬冠状病毒疫苗(C);42~45 天时皮下注射小犬二联疫苗(PUPPY DP);50 天时再次注射犬冠状病毒疫苗(C);60 天时皮下注射犬六联疫苗(DHPPi+L);75 天时再次鼻腔滴注犬窝咳和犬副流感疫苗(KC);90 天时再次注射犬六联疫苗 (DHPPi+L);120 天时皮下注射犬七联疫苗(DHPPi+RL)。以后每年春秋两季鼻腔滴注犬窝咳和犬副流感疫苗(KC)各一次;皮下注射犬七联疫苗 (DHPPi+RL) 或犬六联和单联狂犬病疫苗(DHPPi+L+R)一次和犬冠状病毒疫苗(C)一次。

如果犬是从宠物市场买回来,没有注射过疫苗,年龄在 2 个月龄以上至一年以下的幼犬,经检查身体健康者,建议注射两次犬六联疫苗(DHPPi+L),两次犬冠状病毒疫苗(C),两次犬窝咳和犬副流感疫苗(KC)及一次犬七联疫苗(DHPPi+RL),或犬六联和单联狂犬病疫苗(DHPPi+L+R)。免疫程序为:首次注射犬六联疫苗(DHPPi+L),第三周注射犬冠状病毒疫苗(C)和鼻腔滴注犬窝咳及犬副流感疫苗 (KC),第四周再次注射犬六联疫苗(DHPPi+L),第七周再次注射犬冠状病毒疫苗(C)和鼻腔滴注犬窝咳及犬副流感疫苗(KC),第八周注射犬七联疫苗(DHPPi+RL)或犬六联和单联狂犬病疫苗 (DHPPi+L+R)。以后每年春秋两季鼻腔滴注犬窝咳和犬副流感疫苗(KC)各一次;皮下注射犬七联疫苗(DHPPi+RL)或犬六联和单联狂犬病疫苗(DHPPi +L+R)一次和犬冠状病毒疫苗(C)一次。

◆ **正确的使用方法**

A.疫苗使用前,不要用手指接触瓶盖,须将 75% 酒精棉球拧干后消毒瓶盖,稍等片刻待酒精挥发后再抽取疫苗。

B.最好使用一次性消毒注射器,如果使用人工消毒注射器进行疫苗接种时,须小心不要让疫苗与残留消毒剂接触。

C. 使用前轻轻地将液态苗摇匀。

D. 冻干苗应用液态苗或专用无菌的稀释液来溶解,待完全溶解后立即抽完并立即使用。

E. 以无菌接种方式,在颈背部皮下接种。

注意事项:

A. 疫苗接种前须详细了解犬的近况,仔细进行临床检查。

B. 疫苗注射后最好让犬在诊所或医院停留10分钟左右,以便观测。

C. 疫苗必须存储于阴暗处,温度维持在2~8℃。不可将疫苗长时间或重复地暴露于高温下。

D. 不可使液态苗冻结。

E. 由于疫苗接种10天才可产生免疫力,故此阶段应仔细护理犬只。

F. 皮下接种狂犬病疫苗后,有时在接种处可暂时触摸到肿块。

◆ 过敏和应激反应

在临床上有时因品种的差异、周围环境的变化、宠物情绪的异常变化、身体状况不佳等原因,犬在接种疫苗后,偶尔会出现过敏或应激反应。

过敏反应的特征 头部或眼睑肿大,全身瘙痒,通常3~6小时后会自愈,如有必要可皮下注射盐酸地塞米松;全身颤抖或头部抽搐,流涎。此时可注射硫酸阿托品,如有必要可皮下注射盐酸地塞米松;食欲不振或食欲废绝,全身疼痛,精神呆滞,昏昏欲睡,喜欢躲避在阴暗处,通常2~4天后自愈,如有必要可皮下注射盐酸地塞米松。

应激反应的特征 有时犬在注射疫苗后几分钟内(通常在10分钟左右)发生抽搐或休克等应激反应,此时应立即肌肉注射盐酸肾上腺素解救。

◆ 犬的免疫失败

在临床上,有时会遇到这样的情况,即经过某一疫苗接种后的犬群仍然发生这种传染病流行,这被称为免疫失败。免疫失败可由多种原因引起:

免疫应答 这是一个生物学过程,不可能提供绝对的保护。当我们在一个犬场进行群体的免疫接种时,所有被接种的犬中,它们的免疫水平是不相等的,这是因为免疫应答会受到遗传、环境和饲养管理等诸多因素的影响。所以随机犬群不可能 100% 的都因为进行了免疫接种而得到保护。大多数犬对抗原的免疫应答呈中等水平,而一小部分则免疫应答很差,尽管它们已经接受过免疫,但是却不能产生抵抗感染发病的足够保护力。

母源抗体的干扰 这是免疫失败最常见的因素之一。一定水平的母源抗体能抑制弱毒疫苗的病毒和细菌,使其不能在体内增殖,从而使免疫失败。幼犬体内存在被动得来的母源抗体主要靠生后初乳获得,因此疫苗的质量和首免的时间就显得十分重要。

免疫程序 只有合理的免疫程序,才能使有效的疫苗产生优良的免疫效果。免疫程序的内容包括疫苗种类、首免的年龄、接种的次数、间隔的时间等。制定免疫程序时应考虑当地疫情、疾病的性质、犬的用途、饲养管理条件、母源抗体的水平和疫苗的质量等因素。其中母源抗体的水平最为重要。

疫苗使用 疫苗在运输、储存过程中,未能保证低温条件,使疫苗滴度降低;使用不合适的疫苗稀释液;疫苗稀释溶解后不及时注射,造成疫苗的稳定性降低;接种疫苗时,犬得不到足量的疫苗等等,都能造成免疫失败。

遗传性和获得性免疫缺陷 犬在体液免疫和细胞免疫方面的缺陷,会导致疫苗注射后得不到可靠的保护或免疫后发生并发症,从而导致免疫失败。

其他因素 严重的寄生虫感染,应激反应,包括妊娠、疲劳、过冷或过热也能抑制正常免疫应答,从而造成免疫失败。应激反应可能是类固醇激素升高所至。有时犬在接种疫苗时已处于病的潜伏期,它们在接种疫苗后往往在短期内发病。

总之,选用优质的疫苗,制定合理的免疫程序并严格实施,才能事半功倍,避免犬的免疫失败。